Marc Duchesne

Phénomènes électriques sur une couche de glace fondante

Marc Duchesne

Phénomènes électriques sur une couche de glace fondante

Étude expérimentale et numérique du courant de fuite sur une couche de glace en présence d'un arc électrique

Presses Académiques Francophones

Impressum / Mentions légales

Bibliografische Information der Deutschen Nationalbibliothek: Die Deutsche Nationalbibliothek verzeichnet diese Publikation in der Deutschen Nationalbibliografie; detaillierte bibliografische Daten sind im Internet über http://dnb.d-nb.de abrufbar.

Alle in diesem Buch genannten Marken und Produktnamen unterliegen warenzeichen-, marken- oder patentrechtlichem Schutz bzw. sind Warenzeichen oder eingetragene Warenzeichen der jeweiligen Inhaber. Die Wiedergabe von Marken, Produktnamen, Gebrauchsnamen, Handelsnamen, Warenbezeichnungen u.s.w. in diesem Werk berechtigt auch ohne besondere Kennzeichnung nicht zu der Annahme, dass solche Namen im Sinne der Warenzeichen- und Markenschutzgesetzgebung als frei zu betrachten wären und daher von jedermann benutzt werden dürften.

Information bibliographique publiée par la Deutsche Nationalbibliothek: La Deutsche Nationalbibliothek inscrit cette publication à la Deutsche Nationalbibliografie; des données bibliographiques détaillées sont disponibles sur internet à l'adresse http://dnb.d-nb.de.

Toutes marques et noms de produits mentionnés dans ce livre demeurent sous la protection des marques, des marques déposées et des brevets, et sont des marques ou des marques déposées de leurs détenteurs respectifs. L'utilisation des marques, noms de produits, noms communs, noms commerciaux, descriptions de produits, etc, même sans qu'ils soient mentionnés de façon particulière dans ce livre ne signifie en aucune façon que ces noms peuvent être utilisés sans restriction à l'égard de la législation pour la protection des marques et des marques déposées et pourraient donc être utilisés par quiconque.

Coverbild / Photo de couverture: www.ingimage.com

Verlag / Editeur:
Presses Académiques Francophones
ist ein Imprint der / est une marque déposée de
AV Akademikerverlag GmbH & Co. KG
Heinrich-Böcking-Str. 6-8, 66121 Saarbrücken, Deutschland / Allemagne
Email: info@presses-academiques.com

Herstellung: siehe letzte Seite /
Impression: voir la dernière page
ISBN: 978-3-8381-7238-5

Université du Québec

Mémoire

Présenté à

L'Université du Québec à Chicoutimi

Comme exigence partielle

De la maîtrise en ingénierie

Par :

Marc DUCHESNE

Étude expérimentale et numérique du courant de fuite sur une couche de
glace en présence d'un arc électrique

Décembre 2010

2

Résumé

De la source d'énergie exploitée jusqu'à la consommation de l'électricité à la maison et en industrie, il existe tout un réseau de transport constitué de pylônes, d'isolateurs et de lignes de transmission. Or, ces réseaux, lorsqu'ils sont situés dans les régions à climat froid, se trouvent parfois exposés aux problèmes liés au givrage atmosphérique. En effet, une couche de glace peut s'accumuler sur les isolateurs, ce qui diminue leur tenue diélectrique. Lorsque cette couche fond en surface suite au rayonnement du soleil par exemple, une redistribution du champ électrique le long de l'isolateur peut entraîner l'apparition d'arcs électriques partiels, voir même un contournement électrique de l'isolateur à des niveaux de tension beaucoup plus faible qu'en absence de glace.

À cet effet, la Chaire industrielle sur le givrage atmosphérique des équipements des réseaux électriques (CIGELE) de l'UQAC, « a pour mandat d'étudier plusieurs phénomènes reliés au givrage atmosphérique, en particulier au givrage atmosphérique des équipements des réseaux électriques, de faire avancer les connaissances dans ce domaine, et d'en diffuser les résultats »[1]. L'objectif de ce projet de recherche, qui s'inscrit dans le cadre des projets de la CIGELE, porte sur l'étude des phénomènes électriques se produisant à la surface d'une couche de glace en présence d'un arc électrique partiel. Plusieurs outils d'analyse ont été développés afin d'atteindre l'objectif principal. À cette fin, le premier outil conçu et construit au laboratoire a été un système multimesures de potentiels sécuritaire. Le deuxième outil d'analyse a été un script par éléments finis. Ce dernier a deux fonctions : valider l'étalonnage du banc de mesures ; analyser et interpréter les mesures prises en laboratoire. Aucun modèle numérique n'est donc défini à l'avance.

---

[1] Texte qui provient du site internet de la CIGELE : http://www.cigele.ca/

Plusieurs phénomènes électriques ont été observés à la surface de glace en présence d'un arc électrique : la période de décharge électrique ; la période où l'échantillon de glace a un comportement résistif ; et la période où l'échantillon de glace semble être «en résonnance» avec l'arc électrique, c'est-à-dire où l'inductance de l'arc interagit avec la capacité de la glace. Seule la période de temps où l'échantillon de glace est encore résistif a pu être simulée par éléments finis afin de déduire la densité de courant. À l'aide d'une procédure par identification inverse, la méthode des éléments finis a été utilisée comme outils d'analyse et d'interprétation afin de démontrer que la résistance surfacique de l'échantillon de glace est inégale dans sa géométrie. À cet effet, une répartition non uniforme de la conductivité surfacique, afin de prendre en compte l'influence de l'épaisseur du film d'eau le long de la couche de glace, a été établie. Pour ce qui est de la période semblable à de la «résonnance», la discussion s'est limitée à sa probable provenance sans pouvoir l'expliquer, et ses possibles conséquences.

Abstract

Between the sources of electricity and its consumption in houses and plants, there is a whole transport network constituted by pylons, insulators and transmission lines. However, these networks, when located in cold climate regions, are sometimes exposed to problems in relationship with atmospheric icing. Indeed, a layer of ice can accumulate on the insulators, thereby decreasing their dielectric strength. When this ice is melt on its surface by sun radiation for example, a reorganization of the electric field along the insulator can give rise to partial arcs in air gaps, see even a flashover of the insulating structure.

"CIGELE-UQAC has been given the mandate of studying many of the phenomena associated with atmospheric icing, particularly the atmospheric icing of power network equipment. The intent of the mandate is to help advance knowledge in the field, and to publish the relevant research results."[2] The objective of this research project focuses on the study of electrical phenomena occurring at the surface of a layer of ice in the presence of a partial arc. Several analytical tools were developed to achieve the main objective. To this end, the first tool designed and built in the laboratory was a safe multimeasures system of potential. The second tool was a code by finite elements. This last one has two functions: validating the grading of the bench measurements, analyzing and interpreting laboratory measurements. No numerical model is therefore defined in advance.

Several electrical phenomena were observed on ice surface in the presence of an electric arc: the period of discharge, the period when the ice sample has a resistive behaviour, and the period when the ice sample seems to be "in resonance" with the

---

[2] http://www.cigele.ca/index_en.htm

electric arc, i.e. the inductance of the arc interacts with the capacity of the ice. Only the period of time when the ice sample is still resistive could be simulated by finite elements in order to deduce the current density. Using a procedure inverse identification, the finite element method has been used as tools for analysis and interpretation to show that the surface resistance of the ice sample is non uniform in its geometry. To this end, a non-uniform distribution of surface conductivity in order to take into account the influence of film thickness of water along the ice was established. Regarding the period similar to the "resonance", the discussion was limited to its probable origin but can not explain, and its possible consequences.

Avant-propos

J'aimerais témoigner ma gratitude à la chaire de recherche CIGELE pour m'avoir accepté comme étudiant à la maîtrise dans le cadre de ce projet, plus particulièrement le professeur Masoud Farzaneh qui dirige cette chaire et qui a été mon directeur de recherche. Dans le même ordre d'idée, je tiens aussi à remercier le professeur Christophe Volat qui a su m'orienter sur la présentation de ce présent mémoire, et qui a été mon codirecteur de recherche. Je dis aussi merci au docteur William A. Chisholm pour son aide technique sur la conception et la validation du montage expérimental. J'ai une pensée aussi pour Mourad Aberkane, un camarade d'étude avec qui nous avons conçu la première version en Maple du script annexé. Finalement, je remercie aussi les techniciens (Xavier-Mathieu Bouchard, Claude D'Amours, Pierre Camirand, Francis Deschenes et Marc-André Perron) pour leur aide technique.

Tout comme la majorité des étudiants québécois qui s'inscrivent à la maîtrise en ingénierie, je voulais avoir un diplôme supplémentaire pour approfondir mes connaissances dans un domaine de choix, celui de la haute tension dans mon cas. J'ai grandement pris mon temps avant d'accepter un sujet de recherche. Ce dernier devait me surpasser tant dans mes connaissances techniques, que théoriques. Technique parce qu'il fallait développer et construire un outil de mesure et son système de sécurité, et théorique parce qu'il fallait développer et programmer un outil d'analyse numérique. Je souligne que mon parcours scolaire qui témoigne pourquoi ce sujet de maîtrise m'allait comme un gant : technique en informatique de gestion, bac en génie électrique.

L'analyse des phénomènes électriques à la surface d'une couche de glace en présence d'un arc électrique partiel est étudiée dans ce mémoire de maîtrise. Étant donné l'ampleur de l'objectif, et le fait que c'est la première fois que nous mesurions la cartographie de potentiel à la surface de la glace en présence d'un arc électrique partiel, il faut par conséquent limiter la portée des résultats obtenus lors cette recherche. En effet, nous nous somme limités à une glace formée horizontalement selon un processus accéléré à -60°C, et à des expériences électriques sur l'échantillon de glace placé verticalement où la borne haute tension se situait en haut.

Table des matières

10

Liste des figures

12

13

Liste des tableaux

14

Liste des scripts

CHAPITRE I

INTRODUCTION

I.1 *Problématique*

L'énergie électrique est transportée à partir des centrales jusqu'aux consommateurs via des lignes de transmission qui sont généralement aériennes. Ces lignes peuvent mesurer quelques kilomètres (dans le cas d'une centrale nucléaire près d'un environnement urbain) à parfois plus de 1000 kilomètres (dans le cas d'une centrale hydro-électrique plus éloignée au nord). En plus des conducteurs, les lignes aériennes comportent deux autres éléments principaux : les supports et les isolateurs. Les supports peuvent être des poteaux en bois, des pylônes autoportants ou haubanés. Il faut mentionner les isolateurs de poste qui jouent aussi le rôle de support. Quoiqu'il en soit, les isolateurs jouent deux rôles :

◊ Le soutien mécanique des conducteurs
◊ L'isolation de la haute tension

Du point de vue électrique, ces matériaux possèdent la rigidité diélectrique nécessaire pour tenir un certain niveau de tension. Le circuit électrique équivalent des isolateurs ainsi conçus se représente donc par une infime capacité que l'on peut négliger dans les pertes énergétiques lors du transport. Assemblés, ces isolateurs forment une chaîne plus ou moins longue, tout dépendamment du potentiel électrique des conducteurs. De même, plusieurs chaînes d'isolateurs peuvent être installées en parallèle pour supporter un poids de conducteurs plus lourd.

Finalement, les réseaux électriques sont entre-maillés par des postes électriques qui eux aussi sont soumis aux conditions climatiques. Ceux-ci servent à interconnecter et à ajuster les niveaux de tension entre les portions de lignes. Dans ces postes, on retrouve un autre type particulier d'isolateur appelé «isolateur de poste». Les isolateurs de poste, contrairement à ceux de ligne, reposent sur le sol et portent les conducteurs à leur sommet.

Malgré le rôle fondamental qu'ils jouent dans les réseaux électriques, les isolateurs présentent une vulnérabilité quasi insurmontable. En effet leur surface est soumise à la pollution, ce qui dégrade sensiblement leurs performances diélectriques. L'influence de cette couche de pollution dépend de sa composition et de son volume qui eux sont dépendants de l'environnement et du climat (désertique, arctique, tropical, côtier ou atmosphère à fort degré de pollution industrielle). Généralement une contamination continue (contamination saline, glace, pollution hivernale, poussière humidifiée...) donnera naissance à des arcs électriques partiels à des niveaux de tension plus faibles que pour un isolateur «propre». Ceux-ci se développeront rapidement jusqu'à la rupture diélectrique de l'isolation. Il y aura ainsi contournement électrique qui résultera en une interruption du courant après l'activation des équipements de protection (disjoncteurs, fusibles) ou de la rupture de la ligne.

Dans les pays nordiques, ce sont les accumulations verglaçantes qui sont les plus problématiques [Farzaneh M., 2008] [Farzaneh M. et Chsiholm W.A., 2009], la pollution étant lavée par les fréquentes précipitations pluvieuses de la saison estivale. Des interruptions électriques dues à l'accumulation de glace ont d'ailleurs été reportées au Canada [Hydro-Québec, 1988] [Khalifa M.M. et Morris R.M., 1967] [Farzaneh M. et Melo, O.T., 1993] en Europe [Kannus K. et al.., 1998], et en Asie [Zheng B., 2008]. En mars 1986, un brouillard givrant a provoqué un nombre important de contournements successifs d'isolateurs sur les réseaux d'Hydro-One, occasionnant une interruption d'alimentation électrique sur une grande partie des zones desservies [Chisholm W.A. et al. 1996]. Plus près de nous, en avril 1988, une série de 6 contournements causés par l'accumulation de neiges fondantes a provoqué une perte de presque tout le réseau électrique sur le territoire québécois [Hydro-Québec, 1988].

Il faut noter que les contournements électriques des isolateurs sont difficiles à observer sur des sites naturels. Ils sont en effet dispersés sur un grand territoire, sans témoins oculaires ou caméras de surveillance. Pour étudier le phénomène, la seule alternative est donc d'effectuer des simulations sur ordinateur et de mener des investigations expérimentales en laboratoire. Ainsi, depuis près de 40 ans, plusieurs centres de recherche, dont la Chaire industrielle CIGELE de l'Université du Québec à Chicoutimi (UQAC), se sont donnés le mandat d'étudier les contournements électriques des isolateurs recouverts de glace et particulièrement la propagation d'une décharge sur une surface de glace. Toutefois, le phénomène est très complexe, ce qui justifie d'ailleurs le fait que jusqu'à nos jours qu'il n'existe encore aucun modèle mathématique fiable capable l'expliquer. La complexité réside dans l'interaction des mécanismes impliqués, la nature même de la glace, l'existence de plusieurs interfaces (air/glace, air/film d'eau, film d'eau/arc électrique…), l'influence de paramètres macroscopiques tels la température, la conductivité de l'eau de formation de la glace, la nature de la tension appliquée et l'interaction dynamique entre la décharge et la surface de glace elle-même. Ce mémoire s'intéresse particulièrement à ce dernier aspect en ayant comme objectif fondamental d'étudier le développement du courant de fuite tentant en présence d'arcs partiels..

I.2 Objectifs de recherche

Un nombre important de modèles mathématiques de prédiction de la tension critique de contournement des isolateurs recouverts de glace a été élaboré [Farzaneh M. et al., 1997], [Farzaneh M., 2000] [Chen X., 2000]. Ces modèles ont été validés par des observations expérimentales qui ont tenu compte de la tension appliquée et du courant de fuite mesuré, et d'une électrode placée au pied de l'arc électrique. Il s'agit de modèle statistiques puissants qui peuvent entre autres prévoir la tension critique de contournement dans des conditions de glace et de neige. Un autre modèle, élaboré à la CIGELE [Tavakoli C., 2004] innove en considérant les éléments réactifs du circuit équivalent de l'arc électrique et de la glace (capacité et inductance), mais ce dernier n'a été validé que par la tension appliquée et le courant de fuite mesuré. Dans des perspectives de continuité des travaux déjà effectués, l'objectif de cette étude porte sur l'analyse des phénomènes électriques à la surface d'une couche de glace en présence d'un arc électrique partiel. De façon plus spécifique, les objectifs de cette étude sont les suivants :

I.2.1 Premier sous objectif

Développer un outil de mesure expérimentale de la distribution du potentiel à la surface d'un dépôt de glace. Des câbles haute tension lient un banc de condensateur en verre au moule triangulaire de glace de [Farzaneh M. et al. 1994]. L'interfaçage des mesures avec le système d'acquisition informatisé est réalisé à l'aide : d'équipements parasurtenseurs ; de transformateur différentiel isolé et d'une carte d'acquisition.

I.2.2   Deuxième sous objectif

Développer un outil d'analyse numérique par éléments finis du calcul de la distribution de potentiel pour en déduire la densité de courant. Il ne s'agit pas de développer un modèle hypothétique et de le valider par des mesures. C'est plutôt l'inverse. Grâce aux mesures acquises, il sera possible d'analyser les phénomènes électriques à la surface de la glace et de proposer un modèle par la suite. Afin d'y arriver, une étude électromagnétique des phénomènes électriques sur la couche conductrice sera préalablement effectuée.

I.3   Structure du mémoire

Pour étudier les phénomènes électriques à la surface d'une couche de glace en présence d'un arc électrique partiel, nous avons considéré quelques étapes essentielles. Tout d'abord, une revue de littérature portant sur la formation et les propriétés électriques de la glace, la propagation d'un arc sur celle-ci et les outils d'analyse associés au sujet de recherche, est présentée au chapitre 2. Le développement d'un outil numérique d'analyse et la méthodologie expérimentale, qui présente entre autre la technique de mesure de la distribution de potentiels, sont présentés dans les chapitres 3 et 4. Les résultats expérimentaux, leur validation et la discussion sont regroupés dans le chapitre 5. Le chapitre 6 présente les conclusions découlant de cette étude. Enfin, comme l'outil d'analyse numérique a été entièrement développé au laboratoire, le manuel du programmeur est présenté en annexe.

I.4   Originalité de la recherche

L'originalité de ces travaux de recherche réside dans la mesure expérimentale des phénomènes électriques sur une couche de glace en présence d'un arc électrique partiel.

L'équation de résistance résiduelle décrite par [Zhang J. et Farzaneh M., 2000] semble un bon modèle, mais qui pourrait être amélioré par les résultats obtenus (équation 1.1).

$$R = \frac{1}{\gamma_e} \cdot \frac{-\int_a^b \vec{E}.\vec{dl}}{\iint_S \vec{J} \cdot \vec{dS}} = \frac{1}{\gamma_e} \cdot (\text{Une considération géométrique à trouver}) \qquad (1.1)$$

De plus, cette étude permettra l'optimisation subséquente de la modélisation des phénomènes de propagation d'arc (voir les chapitres 2 et 7). Étant donné que la propagation d'un arc tangentiel est un phénomène dépendant du champ électrique à la surface de l'interface et de la nature du milieu dans lequel il se propage, il est évident que la connaissance du comportement électrique au voisinage du pied d'arc contribuera grandement à l'amélioration des connaissances dans ce domaine. En particulier, les résultats obtenus pourront servir à la caractérisation du comportement électrique sur la glace humide, ce qui permettrait de vérifier les connaissances actuelles de la résistance résiduelle et d'établir une base fiable pour de futurs travaux de recherche.

CHAPITRE II
REVUE DE LITÉRATURE

Les phénomènes de contournement électrique des isolateurs haute tension recouverts de glace ont été rapportés dans plusieurs régions nordiques à travers le monde [Chisholm W.A. et al., 1996] [Farzaneh M, Melo, O.T., 1993] [Kannus K. et al., 1998] [Zheng B., 2008] [Frazaneh M., 2008] [Farzaneh M. et Chisholm W.A., 2009]. Généralement, les accumulations de glace le long des isolateurs ne sont pas uniformes, avec la présence d'intervalles d'air. Ces intervalles d'air sont le siège de la formation et du développement d'arcs partiels qui peuvent conduire, sous certaines conditions, au contournement électrique.

Afin de mieux comprendre les phénomènes de contournement, un nombre important d'études a été réalisé à partir de l'observation en temps réel du courant de fuite circulant à la surface d'isolateurs pollués et, plus récemment, d'isolateurs recouverts de glace en vue de déterminer leur performance diélectrique et de prédire leur contournement électrique [Meghnefi F. et al, 2005]. Cependant, ces études se sont limitées à l'évolution des paramètres temporels (enveloppe, déphasage, impédance) ou fréquentiels (harmoniques) constituants le courant de fuite.

Au regard des études antérieures et au meilleur de nos connaissances, peu de recherches ont été effectuées en vue d'observer les phénomènes électriques à la surface d'une couche de glace en présence d'un arc électrique partiel. Dans un tel contexte, ce chapitre fera l'état de la littérature scientifique liée au présent sujet de recherche en commençant par la formation de la glace artificielle en laboratoire. La synthèse bibliographique se poursuivra par un rappel des caractéristiques électriques de la glace, sans oublier les caractéristiques électriques du film d'eau présent à sa surface. Nous présenterons également des phénomènes de développement d'arc sur une surface jusqu'au contournement électrique de celle-ci. Enfin, une synthèse des recherches portant sur l'élaboration d'outils d'analyse des phénomènes électriques sur une surface de glace (ou de pollution) au pied d'un arc électrique sera présentée.

II.1 Formation de la glace

Dépendamment des conditions atmosphériques et environnementales, différents types de glace peuvent être formés, dont les principaux sont : le givre léger, le givre lourd, et le verglas. Les caractéristiques principales des différents types de glace sont résumées dans le tableau II-1 [Kuroiwa D., 1965].

Tableau II-1 : Type de glace [Kuroiwa, 1965]

Type de glace	Densité (g/cm³)	Caractéristique qualitative de la glace	Température ambiante (°C)	Vitesse du vent (m/s)
Givre léger	≤0,6	Opaque, mou, peu adhésif	-25 à -5	5 à 20
Givre lourd	0,6 à 0,87	Semi transparent, dur, adhésif	-15 à -3	5 à 20
Verglas	0,8 à 0,9	Transparent, très dur, adhésif	-3 à 0	1 à 20

Le givre léger ressemble à une fine neige granulaire blanchâtre et moelleuse. Le givre lourd, contenant moins d'air entre ses cristaux, est plus lourd et dur. Le verglas, le plus dangereux des dépôts de glace tant du point de vue mécanique qu'électrique, est une glace transparente et dense. Le verglas peut se former pendant une pluie verglaçante, à partir de neige fondue ou de l'eau de fonte d'un dépôt de neige accumulé, etc. [Farzaneh M., 2008].

La grosseur des gouttelettes d'eau constitue un des paramètres principaux qui défini le type de glace [Farzaneh M., Drapeau J.F., 1995] [Farzaneh et Kiernicki, 1995]

[Farzaneh M., 2008]. En effet, plus les gouttelettes ont un diamètre important, plus leur chaleur latente prend du temps à s'échapper. Si une gouttelette d'eau a le temps de geler avant l'arrivée de la prochaine, on dit que le dépôt de glace se forme en régime sec ; c'est du givre. Si une gouttelette n'a pas le temps de geler complètement avant l'arrivée de la suivante, on parle de régime humide ; c'est du verglas. Le régime humide est caractérisé par la présence d'un film d'eau continuellement présent à la surface du dépôt de glace. Son écoulement le long d'un isolateur donne naissance à la formation de glaçons entre les jupes de l'isolateur.

Bien que l'étude du givrage sur des sites naturels soit préférable, les recherches scientifiques uniquement basées sur de telles observations seraient beaucoup trop longues et onéreuses à poursuivre, car les observations ne pourraient s'effectuer qu'en période hivernale. Une méthodologie expérimentale pour étudier le comportement de la glace a été développée [Farzaneh M. et Melo, O.T., 1993] [Farzaneh M. et Kiernicki J., 1997-1, 1997-2]. Elle comprend les trois phases suivantes:

- ◊ Phase d'accumulation : croissance rapide du volume du dépôt de glace.
- ◊ Phase d'endurance : période où le volume du dépôt de glace croît ou décroît lentement.
- ◊ Phase de délestage : période où le volume du dépôt de glace décroît rapidement, soit par bris mécanique, soit par fonte.

Les processus peuvent s'alterner. Il se peut que la phase d'endurance soit suivie d'une autre période de croissance rapide de la glace. Un autre exemple serait une phase de délestage après une forte accumulation et des décharges électriques, sans phase d'endurance. En outre, le type et la densité de la glace accumulée ainsi que sa quantité dépendent également des paramètres électriques qui interviennent [Farzaneh M. et Laforte J.-L., 1991]. En somme, la formation de la glace en laboratoire requiert une régulation adéquate de certains paramètres. Pendant que les températures sont atteintes grâce aux salles climatiques (isolées et munies d'un système de refroidissement), les précipitations sont générées par un système d'arrosage.

Selon les objectifs de recherche, l'isolateur peut être mis sous tension pendant les périodes d'accumulation. La salle climatique est premièrement préparée à la température et à la vélocité du vent désiré. Lorsque les conditions initiales sont satisfaites, l'isolateur est mis sous tension et les gicleurs commencent l'arrosage au débit requis suivant un balayage de haut en bas et de bas en haut. La phase d'accumulation progresse ainsi jusqu'à ce que la glace soit assez épaisse. L'isolateur est ensuite mis hors tension en attendant que la température remonte au point de congélation.

Lorsque la température monte au-dessus du point de congélation, une mince couche d'eau, le film d'eau, se forme à la surface du dépôt de glace. Il est important de distinguer le film d'eau de la couche quasi liquide, et ce, même si la couche quasi liquide et le film d'eau sont situés à la surface de la glace. La couche quasi liquide existe sous le point de congélation et le film d'eau existe au-dessus du point de congélation. Le film d'eau provient vraiment d'une fonte de la glace. Bien sûr, il existe d'autres phénomènes climatiques, souvent combinés, qui conduisent à la formation d'un film d'eau :

◊ Un régime d'accumulation humide
◊ Une fonte de la glace par la présence de rayonnement solaire
◊ Une condensation de l'humidité ambiante à la surface de la glace
◊ Un arc électrique partiel ou des décharges de couronne
◊ Un courant de fuite

Que ce soit pour une colonne isolante ou pour une chaîne d'isolateurs suspendus, les glaçons formés autour des jupes d'une chaîne d'isolateurs ne peuvent ponter l'intervalle d'air entre la dernière jupe et l'électrode haute tension si la structure isolante est énergisée. Cela est dû au fait que la région autour des électrodes sera soumise à une forte activité électrique due au champ électrique intense dans cette zone, ce qui fait fondre la glace [Kannus K. et Lahti K., 2007]. Par contre, rien n'empêche la formation de glaçons entre la dernière unité d'isolation et la borne de haute tension si elle n'est pas énergisée. Il est plus dangereux de mettre une ligne, qui a subi un régime d'accumulation de glace, sous tension que de glacer une ligne déjà sous tension [Kannus et Lahti K., 2007].

II.2 Propriétés électriques de la glace

Comparativement aux métaux, la glace ne comporte que peu d'électrons libres. Ce sont les ions qui conduisent le courant ; c'est ce que l'on nomme la conductivité ionique. Il en existe deux : la conductivité volumique et la conductivité surfacique. La conductivité volumique tourne autour de 10^{-10} à 10^{-8} µS/cm, et augmente avec la température [Hobbs P.V, 1974] [Petrenko V. F. et Whitworth R.W., 1999]. À partir de -10°C, la conductivité surfacique prime sur la conductivité volumique avec une valeur de l'ordre de 10^{-4} µS [Petrenko V. F. et Whitworth R.W., 1999]. Ceci vient de la couche quasi liquide de la glace qui apparaît à sa surface. Lorsqu'on parle d'une couche quasi liquide, il ne s'agit pas d'une mince couche d'eau, mais plutôt de la structure cristalline à la surface de la glace qui n'est plus ordonnée en réseau hexagonal. Cette couche de molécules d'eau désordonnées existe en dessous du point de congélation. À -6°C, son épaisseur et sa conductivité électrique augmentent rapidement avec la température, jusqu'à atteindre 50 nm à -1°C [Maeno N., 1972].

La modélisation de plusieurs phénomènes électriques à la surface de la glace est de nature complexe. Il y a premièrement la présence d'impuretés d'épaisseur non uniforme. Deuxièmement, la présence de plusieurs interfaces qui représentent aussi un obstacle à la simplification du phénomène : glace-air, glace-eau, eau-air, électrode-glace, et voire même glace-glace dans le cas d'une formation laminaire.

II.2.1 Conductivité de la glace

Les glaces naturelles ne sont que très rarement pures. Notamment contaminées de chlorure de sodium, d'ammonium, de nitrate [Farzaneh M. et Melo O.T., 1990], les glaces naturelles conduisent généralement de 10^4 à 10^9 fois plus que la glace pure, tout dépendamment si la conduction est volumique ou surfacique. Le tableau II-2 résume son comportement concernant la conductivité de l'eau d'accumulation, mais aussi concernant la température de l'air ambiant [Buchan P.G., 1989].

Tableau II-2 : Conductivité volumique de la glace en fonction de la température de l'air ambiant et de la conductivité de l'eau d'accumulation

Température de l'air (°C)	-15 à 0	-15	0	-15	0
Conductivité de l'eau d'accumulation (µS/cm)	3 à 30	160		346	
Conductivité volumique de la glace (µS/cm)	≈ 0,006	0,01	0,025	0,15	2,0

Au cours d'une accumulation de glace en régime humide [Kannus, 1993], la cristallisation de l'eau diffuse ses ions salins à sa surface. Donc, en plus d'une structure géométrique de cristaux différente à la surface de la glace, la pollution y est plus concentrée dans le film d'eau, amplifiant ainsi sa conductivité jusqu'à 5 fois celle de l'eau d'accumulation [Farzaneh M. et Melo O.T., 1990].

II.2.2 Permittivité de la glace

La permittivité électrique des matériaux est généralement complexe, la partie imaginaire étant liée au phénomène d'absorption ou d'émission du champ électromagnétique. Après de nombreuses études sur le sujet, notamment effectuées par [Hobbs P.V., 1974], la permittivité relative complexe de la glace se définie par l'équation 2.1.

$$\varepsilon_r^* = \varepsilon_r - j\frac{\sigma}{\omega \varepsilon_0} \tag{2.1}$$

où

ε_r :	Permittivité relative ordinaire
ε_0 :	Permittivité du vide
σ :	Conductivité volumique de la glace
j :	Vecteur unitaire imaginaire
ω :	Pulsation angulaire de la tension d'alimentation

La permittivité complexe de la glace est ainsi dépendante de la conductivité volumique et de la pulsation angulaire de la source. De la même manière, la permittivité relative est elle aussi pondérée par la fréquence comme le montre l'équation 2.2 [Laudebat L., 2003].

$$\varepsilon_r = \varepsilon_\infty + \frac{\varepsilon_s - \varepsilon_\infty}{1 + \omega^2 \tau^2} \qquad (2.2)$$

où τ :   Temps de relaxation

Le temps de relaxation d'un matériau semiconducteur (équation 2.3) représente le temps nécessaire au rétablissement de la neutralité électrique. Par réciprocité, c'est aussi le temps nécessaire pour que la conduction établisse une charge d'espace. Le phénomène s'observe souvent à la transition d'une zone peu conductrice à une zone plus conductrice. L'équation 2.3 présente l'expression du temps de relaxation [Hobbs P.V., 1974].

$$\tau = C_\tau exp\left(\frac{E_\tau}{KT}\right) \qquad (2.3)$$

où

C_τ :   Constante de relaxation valant $7,7 \cdot 10^{-16}$ seconde

E_τ :   Énergie d'activation valant $9,29 \cdot 10^{-20}$ Joule

K :   Constante de Boltzmann valant $1,381 \cdot 10^{-23}$ $J/_K$

T :   Température en Kelvin

Dans le cas de la glace, pour la fréquence de service 60 Hz et un temps de relaxation de $2,08 \cdot 10^{-5}$ s [Hobbs P.V., 1974], le dénominateur de l'équation 2.2 s'annule, car $\omega^2 \tau^2 \longrightarrow 1$. La permittivité relative ordinaire de la glace peut donc être considérée comme égale à sa permittivité statique située aux alentours de 100 [Hobbs P.V., 1974]. Pour une conductivité volumique de 0.025 µS/cm à une fréquence de 60 hertz, la permittivité relative complexe vaut environ $\varepsilon_r^* = 100 - j\,7,5$. Après toute cette démonstration mathématique, il est évident que la glace est beaucoup plus capacitive que conductrice.

II.2.3 Conductivité du film d'eau

Tel que décrit chimiquement, l'eau pure n'est pas conductrice. En réalité, l'eau pure n'existe pas plus dans la nature que la glace pure n'existe; l'eau étant toujours chargée d'ions. Or, la charge d'ions est plus forte dans le cas du film d'eau à la surface de la glace. Puisque lorsque l'eau gèle, la congélation rejette les ions à la surface de cette dernière. Lors de la fonte d'un échantillon de glace, la corrélation entre la conductivité volumique de l'eau de fonte et la conductivité volumique de l'eau d'accumulation a été établie (Figure II-1) [Zhang J. et al., 1995].

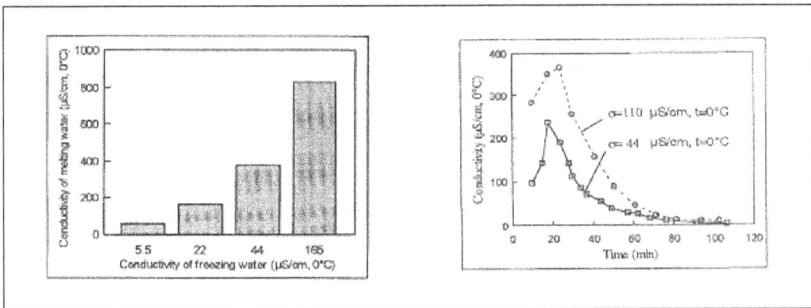

Figure II-1 : Conductivité de l'eau de fonte [Zhang et al., 1995]

Une conversion entre la conductivité volumique de l'eau d'accumulation σ et la conductivité surfacique du film d'eau γ est possible grâce aux équations 2.4, 2.5, 2.6 [Farzaneh M., 2000] [Farzaneh M., 2008] [Farzaneh M. et Chisholm W.A., 2009].

$$\text{DC-} : \quad \gamma_e = 0,0599\sigma + 2,59 \qquad (2.4)$$
$$\text{DC+} : \quad \gamma_e = 0,082\sigma + 1,79 \qquad (2.5)$$

$$\text{AC}: \quad \gamma_e = 0{,}0675\sigma + 2{,}45 \tag{2.6}$$

Dans le cas d'une phase d'accumulation de glace sous un régime humide, l'eau du film aura une conductivité légèrement plus grande que l'eau d'accumulation étant donné le débit d'eau plus fort. Si aucun contournement ne survient durant cette période, le processus se poursuit dans la phase d'endurance avec une stabilisation du volume du dépôt de glace, soit par sa croissance lente, soit par sa décroissance lente. Dans le cas d'une fonte lente et progressive, la diminution de la concentration d'ions sera provoquée par le lavage de la surface de l'isolateur, le surplus d'eau du film s'évacuant vers le bas par gravité emportant avec lui une certaine quantité d'ions [Farzaneh M. et Melo O.T., 1990].

II.2.4 Permittivité du film d'eau

Quoique l'eau obéisse à une loi de permittivité relative, sa permittivité est moins dépendante de la pulsation angulaire que celle de la glace. Pour une fréquence inférieure à 10 MHz, le carré de la pulsation angulaire et du temps de relaxation sera négligeable. Ainsi, pour la fréquence du réseau, le quotient est négligeable comme la simplification de l'équation 2.7 le montre [Buchner R. et al., 1999].

$$\varepsilon_r = \varepsilon_\infty + \frac{\varepsilon_s - 2 \cdot H_N \cdot C_i - \varepsilon_\infty}{1 + \omega^2 \tau^2} \xrightarrow{\omega^2 \tau^2 \ll 1} \varepsilon_r = \varepsilon_s - 2 H_N C_i \tag{2.7}$$

où
ε_∞ : Permittivité relative en haute fréquence (permittivité optique)

ε_s : Permittivité relative en statique

ω : Pulsation angulaire de la tension d'alimentation

τ : Temps de relaxation $2 \cdot 10^{-12}$ s

H_N : Nombre moyen d'hydratation

C_i : Concentration molaire en ions

La permittivité de l'eau est plus dépendante de la température que ne l'est celle de la glace l'est. Plus la température du film d'eau est élevée, plus les molécules s'excitent, diminuant du coup la permittivité relative par l'augmentation de l'activité électronique des ions dans l'eau.

De plus, le film d'eau dépend aussi de l'équation 2.1 de la permittivité relative complexe. Conséquemment, la permittivité relative ordinaire diminue avec la température, laissant une plus grande part à la partie imaginaire de la permittivité relative complexe.

$$\varepsilon_r^* = \varepsilon_r - j\frac{\sigma}{\omega\varepsilon_0} = \varepsilon_s - 2H_N C_i - j\frac{\sigma}{\omega\varepsilon_0} \qquad \textbf{(2.8)}$$

L'augmentation de la permittivité relative imaginaire sur celle réelle a pour conséquence d'augmenter la conductivité réelle (voir l'équation 2.9 suivante).

$$\sigma_r^* = \left(\sigma_s + \omega\varepsilon^{''}\right) - j\varepsilon^{'} \qquad \textbf{(2.9)}$$

où σ_r^* : Conductivité complexe

σ_s : Conductivité en statique

$\varepsilon^{''}$: Permittivité relative imaginaire

$\varepsilon^{'}$: Permittivité relative réelle

En renfort à ces théories, [Meghnefi et al., 2007] montrèrent que le courant de fuite est en avance sur la tension appliquée dans un premier temps, et concorde en phase avec la tension appliquée lors de l'établissement du film d'eau.

II.3 Processus de propagation d'un arc électrique sur une surface diélectrique

Le champ électrique disruptif de l'air se situe à environ 30 kV/cm tout dépendamment du taux d'humidité et de la pression ambiante. Cependant, l'implication de l'isolateur dans le soutien du câble affecte la distribution de potentiels, surtout si sa surface est enduite d'un matériau envenimant l'isolation. Ainsi, le champ électrique critique peut descendre aussi bas que 500V/cm [Hampton B.F., 1964].

Dépendamment de la nature du matériau (pollution, neige, givre, glace...) responsable de la rupture de la tenue diélectrique de l'isolateur, l'initiation de la décharge provient de la forte chute de tension aux bornes des bandes sèches ou des intervalles d'air. Dans ce sens, plusieurs critères empiriques ou semi-empiriques portant sur le champ électrique, le courant de fuite, la puissance fournie par la source, l'énergie fournie par la source ont été définis. Des considérations analytiques comme l'impédance de l'électrolyte permettront de faire le lien entre les critères énumérés dans les paragraphes suivants.

II.3.1 Critère d'Hampton

[Hampton B.F., 1964] a modélisé un isolateur recouvert de pollution au pied de l'arc électrique à l'aide d'un jet d'eau salée. L'idée du jet d'eau provenait de sa capacité à dissiper beaucoup d'énergie tout en gardant une résistance résiduelle constante (Figure II-2). La tension dans la colonne d'eau a été premièrement mesurée, pour ensuite augmenter sa longueur jusqu'a simuler le contournement. Les observations lors du contournement montrent que:

a) Le courant d'arc et son champ électrique global le long du jet d'eau sont constants indifféremment de la longueur du jet pour des eaux de même résistivité

b) Le courant d'arc est plus petit et le champ électrique le long du jet est plus grand, pour une colonne ayant une résistivité supérieure.

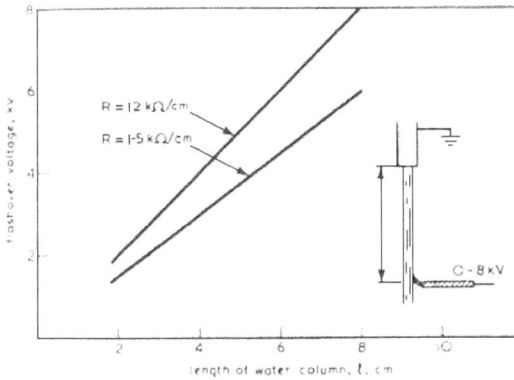

Figure II-2 : Tension de contournement sur une colonne d'eau [Hampton B.F., 1964]

[Hampton B.F., 1964] a donc conclu que le contournement se produit lorsque le champ électrique dans l'air est inférieur à celui de l'électrolyte (inégalité 2.10).

$$E_a \leq E_p \qquad (2.10)$$

où E_a :   Étant le champ électrique à l'intérieur de l'arc

      E_p :   Étant champ de la couche de pollution

À partir de ces conclusions et d'un montage spécial dans une salle de confinement, [Hampton B.F., 1964] a déduit certaines courbes de base comme notamment celle du champ électrique dans l'arc en fonction du courant de fuite pour un environnement saturé d'humidité ou pour un environnement exempt d'humidité (Figure II-3). La courbe en pointillé représente le champ électrique sur la couche de pollution, où le point

A représente le point d'équilibre.   Après ce point, l'arc court-circuitera les deux électrodes.

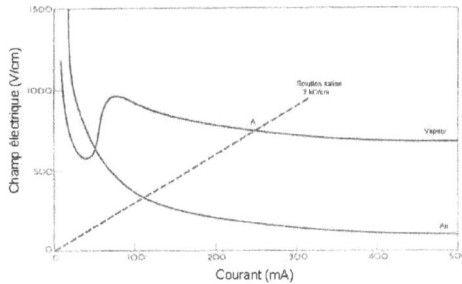

Figure II-3 : Champs disruptifs de l'air sec et humide [Hampton B.F., 1964]

Par contre, [Li S., 1988] a contredit [Hampton B.F., 1964] en montrant que le champ électrique au pied de l'arc n'est pas suffisant pour causer un contournement. Il a suggéré que le contournement serait causé par la haute température du sel qui ionise le canal de l'arc. L'arc se propagerait ainsi par la migration d'ions positifs et négatifs sous l'effet du champ électrique.

II.3.2 Critères d'Hesketh

Lorsque l'arc s'allonge en effectuant un déplacement le long de la surface, le courant qui l'alimente augmentera du coup. En effet, plus l'arc est long, plus il a besoin d'énergie pour garder le gaz ionisé. En proposant l'hypothèse que le contournement évolue de façon à rendre maximal le courant de fuite, [Hesketh S., 1967] établit un critère de propagation de l'arc (inégalité 2.11).

$$\frac{dI}{dx} \geq 0 \qquad\qquad (2.11)$$

où I :   Étant le courant d'arc

        x :   Étant la longueur d'arc

II.3.3 Critère de Wilkins

À l'aide de leur modèle unidirectionnel [Wilkins R. et Al-Baghdadi A.A.J., 1971] ont suggéré que l'arc électrique se déplace d'une position à une autre lorsque le taux d'énergie d'expansion est à son maximum. En effet, l'allongement de l'arc est possible par l'ionisation et la formation de racines successives à son pied. Ainsi, de nouveaux chemins d'ionisation sont créés au bout du canal, dans l'air et à la surface de la glace (Figure II-4).

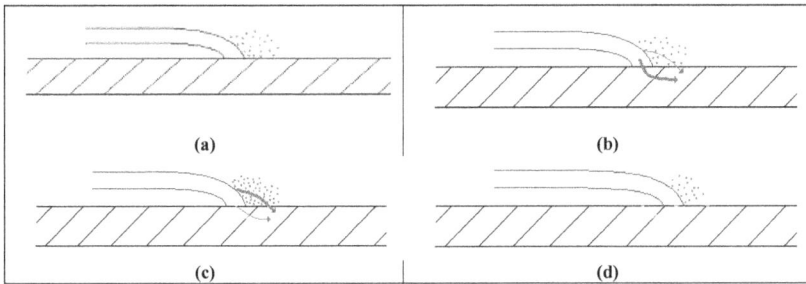

Figure II-4 : Mécanisme d'allongement [Wilkins R. et Al-Baghdadi A.A.J., 1971]:
a) ionisation au bout du canal ; b) chemin du courant ; c) distribution de courant après ionisation ; d) allongement du canal de l'arc

Si l'ionisation est suffisante, il y aura alors circulation d'un courant électrique. Cette ionisation proviendrait de la grande température et du potentiel élevé au pied du canal, entraînant ainsi une augmentation de la conductivité du nouveau trajet (air) tandis que celle de l'électrolyte restera constante. Conséquemment, le canal modifie constamment sa trajectoire, entraînant ainsi une élongation d'arc. Pour Wilkins, la rupture diélectrique de l'air ne se produit pas par claquage de l'intervalle à la surface de l'électrolyte, mais bien par ionisation de l'interface électrolyte-air [Wilkins R. et Al-Baghdadi A.A.J., 1971].

Pour [Wilkins R., 1969], le déplacement de l'arc a lieu lorsque la puissance augmente avec l'allongement de l'arc (inégalité 2.12). Si la tension appliquée au spécimen reste la même tout au long de la décharge, le critère de Wilkins se réduit au critère de Hesketh.

$$\frac{dP}{dx} \geq 0 \qquad (2.12)$$

où P : Étant la puissance fournie par la source
x Étant la longueur d'arc
:

Selon la physique des décharges, [Flazi S., 1987] n'a pas réussi à dégager les paramètres de base de la rupture diélectrique à l'interface électrolyte-air lors d'un contournement. Il s'est donc rabattu sur la théorie de Wilkins avec une approche plus globale en supposant l'existence un mécanisme de propagation par ionisation progressive. Pour lui, non seulement le degré d'ionisation à l'intérieur de la décharge joue un rôle important dans le trajet du canal de l'arc, mais également l'amorçage du processus d'ionisation au bout de celle-ci.

Cependant, la vitesse de propagation d'une décharge électrique le long d'une surface diélectrique est plus grande que celle dans l'air. Pour [Allen N.L. et Mikropoulos P.N., 1999], cette vitesse dépend, en plus du champ électrique appliqué, de la nature de l'isolant. Selon lui, l'ionisation dans la région de la tête de la décharge est accentuée par l'émission d'électrons en provenance de la surface du diélectrique, générés par la photo-ionisation des avalanches dans le gaz.

II.3.4 Critère d'Anjana et Lakshminarasimha

[Anjana S. et Lakshminarasmha C. S., 1989] ont établi un critère de propagation en comparant le canal de l'arc à une colonne de gaz en équilibre thermodynamique. Dans leur concept, pour que la propagation puisse demeurer, il faut que l'énergie fournie par la source d'alimentation, W_{total}, soit plus grande ou égale à l'énergie nécessaire pour maintenir le canal d'arc à sa température, W_{th} (inégalité 2.13).

$$W_{total} \geq W_{th} \qquad \qquad (2.13)$$

où $\quad W_{total} \quad$ Étant l'énergie fournie par la source

$\qquad \qquad \vdots$

$\qquad W_{th} \quad :$ Étant l'énergie nécessaire au maintien de la température d'arc

II.3.5 Modélisation de Dhahbi, Beroual et Krahenbul

Les travaux de [Dhahbi-Megriche N., 1997] s'éloignent de tous les critères empiriques précédemment énumérés en suggérant un critère basé sur une modélisation analytique de la propagation de l'arc, où l'impédance équivalente de l'isolateur est prise en compte.

Par souci de simplification mathématique, la couche d'électrolyte de l'isolateur est modélisée par un plan, de longueur de fuite, L, d'une distance d'arc, x, d'une couche de pollution d'épaisseur uniforme ayant une section, S_p, et selon un canal d'arc cylindrique uniforme de section, S, d'où l'expression de l'impédance équivalente du circuit qui suit (équation 2.14).

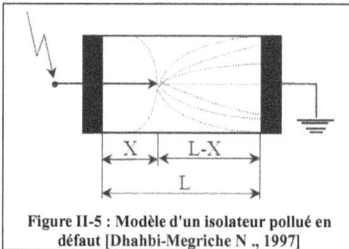

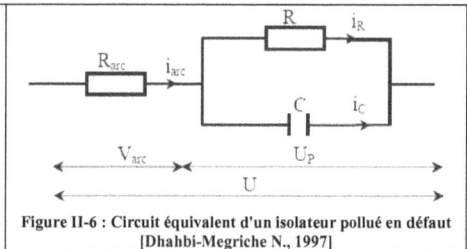

Figure II-5 : Modèle d'un isolateur pollué en défaut [Dhahbi-Megriche N ., 1997]

Figure II-6 : Circuit équivalent d'un isolateur pollué en défaut [Dhahbi-Megriche N., 1997]

$$Z_{eq} = R_{arc} + \frac{R_p}{1 + j\omega R_p C} = \rho_{arc} \frac{x}{S} + \frac{\rho_p (L - x)}{S_p (1 + j\omega \rho_p \varepsilon)} \qquad (2.14)$$

où $\quad R_p = \rho_p \dfrac{L - x}{S_p} \quad$: $\quad$ Résistance de la couche de pollution

$\quad C = \varepsilon \dfrac{S_p}{L - x} \quad$: $\quad$ Capacité de la couche de pollution

$\quad R_{arc} = \rho_{arc} \dfrac{x}{S} \quad$: $\quad$ Résistance du canal de l'arc

[Dhahbi-Megriche N.. 1997] tiennent compte du carré du module de l'impédance pour établir le critère de propagation donné par l'équation 2.15.

$$|Z_{eq}|^2 = \frac{1}{a^2 S^2 S_p^2} \left\{ \alpha x^2 - 2xL \left[\alpha + S_p a \rho_{arc} \left(S\rho_p - S_p a \rho_{arc} \right) \right] + aL^2 S^2 \rho_p^2 \right\} \qquad (2.15)$$

Le critère de Dhahbi repose sur la décroissance de l'impédance de la couche de pollution (équation 2,16). Ce critère concorde très bien avec ceux de Hesketh et Wilkins, et donc avec ceux d'Anjana et de Hampton.

$$\frac{d|Z_{eq}|}{dx} \leq 0 \qquad (2.16)$$

Afin d'analyser la décroissance de l'impédance durant la propagation de l'arc, l'équation 2.14 est dérivée par x, ce qui donne l'équation 2.17.

$$\frac{d|Z_{eq}|^2}{dx} = \frac{1}{a^2 S^2 S_p^2} \left\{ 2\alpha x - 2L \left[\alpha + S_p a \rho_{arc} \left(S\rho_p - S_p a \rho_{arc} \right) \right] \right\} \qquad (2.17)$$

De l'équation (2.16) on dérive l'inégalité 2.18 :

$$\frac{x}{L} - 1 < \frac{S_p a \rho_{arc}}{\alpha} \left(S\rho_p - S_p a \rho_{arc} \right) \qquad (2.18)$$

L'analyse de cette inégalité conduit à distinguer trois cas :

Premier cas

$$\frac{S_p a \rho_{arc}}{\alpha} \left(S\rho_p - S_p a \rho_{arc} \right) > 0 \qquad (2.19)$$

Sachant que le ratio $\frac{S_p a \rho_{arc}}{\alpha}$ est toujours supérieur à 0, l'expression 2.19 devient alors l'inéquation 2.20.

$$\frac{\rho_p}{aS_p} > \frac{\rho_{arc}}{S} \qquad (2.20)$$

Dans le cas d'une couche d'électrolytes continue, on peut dire que le courant de fuite est égal au courant d'arc, d'où l'inégalité 2.21 :

$$\frac{\rho_p}{aS_p} I_f > \frac{\rho_{arc}}{S} I_{arc} \text{ ou encore } \frac{E_p}{a} > E_{arc}, \qquad (2.21)$$
$$\text{où} \quad a = 1 + \omega^2 \rho_p^2 \varepsilon^2 \text{ est une constante}$$

Dans le cas continu, $a = 1$. Le critère de propagation de Dhahbi est alors identique à celui de Hampton.

Deuxième cas

$$\frac{SS_{pp}\rho_{arc}}{\alpha}\left(\left(SS_{p}\rho_{pp}-SS_{p}\rho_{arc}\right)\right)\ll-1$$ (2.22)
(2.21)

Après transformation de (2.22), on obtient l'inégalité 2.23 :

$$\frac{\rho_p}{aS_p}\le\frac{\rho_{arc}}{S}$$ (2.23)

Dans ce cas, la propagation de l'arc est impossible puisque la résistance linéique du canal d'arc est plus grande que celle de la couche de pollution.

Troisième cas

$$-1<\frac{S_p a\rho_{arc}}{\alpha}\left(S\rho_p-S_p a\rho_{arc}\right)\le 0$$ (2.24)

La résolution du premier terme de l'inégalité met en évidence un cas limite où l'arc s'allonge jusqu'à une distance x_0, puis s'éteint, selon l'équation 2.25 suivante :

$$x_0=L\left[1+\frac{S_p a\rho_{arc}}{\alpha}\left(S\rho_p-S_p a\rho_{arc}\right)\right]$$ (2.25)

Ce troisième cas est intéressant puisqu'il correspond à l'apparition de bandes sèches par l'échauffement que produit le courant de fuite sur la couche de pollution. Dans ces zones, la couche de pollution anhydride perd ses propriétés conductrices, de sorte que le contournement amorcé s'interrompt alors et l'isolateur retrouve ses facultés isolantes.

La résolution du deuxième terme de l'inégalité 2.25 met en évidence une condition sur les contraintes électriques (inégalité 2.26).

$$E_{arc}>\frac{E_p}{a}$$ (2.26)

où $a=1+\omega^2\rho_p^2\varepsilon^2$ est une constante

Si le phénomène se produit en tension continue, l'inégalité devient l'inverse du critère de Hampton (inégalité 2.10). Étant donné que l'arc peut s'allonger même si $E_{arc} > \frac{E_p}{a}$, le critère de Hampton n'est pas suffisant, et l'arc s'éteint avant que le contournement ne soit complété.

II.3.6 Modélisation de Farzaneh et Zhang

Les dépôts de glace formés en régime humide à la surface des chaînes d'isolateurs possèdent souvent quelques discontinuités; c'est-à-dire que certains intervalles entre les disques de la chaîne d'isolateur ne sont pas entièrement couverts par les glaçons. Des arcs électriques partiels se produisent le long de ces intervalles d'air. Si toutes les conditions requises sont satisfaites, ces arcs se propageront jusqu'à une certaine longueur critique à partir de laquelle le contournement électrique de l'isolateur devient inévitable.

Les dépôts de glace sur les isolateurs ont une forme très irrégulière. Pour examiner les modèles de décharge sur une surface de glace, une simplification géométrique a été adoptée en utilisant une glace plane et triangulaire [Farzaneh M. et al., 1994] [Zhang J. et al., 1995] [Farzaneh M., 2008] [Farzaneh M. et Chisholm W.A., 2009]. Les premières couches d'eau gelées sont produites à l'aide d'une eau déminéralisée, puis renflouer de couches d'eau de la conductivité prédéterminée.

En supposant que le rayon du pied d'arc influence la résistance résiduelle, sur la base expérimentale d'un échantillon de glace triangulaire, une modélisation mathématique du rayon du pied d'arc a été élaborée. Premièrement, le rayon d'arc électrique n'est pas constant tout au long de son canal. Il dépend non seulement des conditions environnementales comme la température, l'humidité environnante, la pression, la vitesse du vent, etc., mais aussi de son courant électrique. Une telle connaissance est primordiale pour le calcul ultérieur de la résistance résiduelle. L'équation 2.27, basée sur l'approche de Wilkins, utilisant les paramètres spécifiques de la glace, résumés dans le tableau II-3, permet de calculer le rayon du pied d'arc pour différentes polarités et valeurs de tension appliquée.

Tableau II-3 : Constante pour la formule de calcul du rayon du pied de l'arc [Zhang J. et Farzaneh M., 2000]

Type		B
Tension positive	Intérieur	1.648
	Extérieur	0.648
Tension négative	Intérieur	1.759
	Extérieur	0.624
Tension alternative	Intérieur	2.430
	Extérieur	0.875

$$r \approx \sqrt{\frac{I}{\pi B}} \text{ , où I est la valeur crête} \tag{2.27}$$

À partir des résultats expérimentaux, il est possible d'établir les paramètres du circuit électrique équivalent du contournement élaboré par Obenaus/Rizk. Celui-ci prend en compte les effets de la longueur et du diamètre de l'arc, la conductivité surfacique et les conditions de réamorçage, tel qu'illustré dans la figure II-7 et par les équations 2.28 et 2.29.

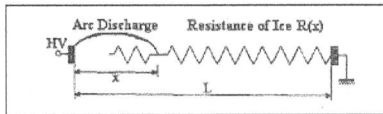

Figure II-7 : Schéma équivalent du contournement électrique à la surface d'un dépôt de glace
[Zhang J. et Farzaneh M., 2000]

$$V_m = \underbrace{\overbrace{A I_m^{-n}}^{E_{arc}} \cdot x}_{V_{air}} + \underbrace{I_m \cdot \overbrace{R(x)}^{\text{Résiduelle}}}_{V_{film}} \qquad (2.28)$$

$$V_m = \frac{kx}{I_m^b} \qquad (2.29)$$

Où

V_m	Valeurs crêtes de la tension
x	Position du pied d'arc en cm.
$A = 204.7$	Constante d'arc déterminée expérimentalement
$n = 0.5607$	Constante d'arc déterminée expérimentalement
$b = 0.5277$	Constante d'arc déterminée expérimentalement

Sous des conditions de verglas, la glace ne s'accumule que du côté de la chaîne d'isolateur qui est exposé aux précipitations verglaçantes. Ainsi, puisque le système peut être modélisé par un demi-cylindre recouvert de glace, l'équation 2.30 ci-dessous permet de calculer la résistance résiduelle R(x), en fonction de cette géométrie simplifiée [Farzaneh M. et al., 1997].

$$R(x) = \frac{1}{\pi\gamma_e}\left[\frac{\pi(L-x)}{W} + \ln\left(\frac{W}{2\pi r_0}\right)\right] \qquad (2.30)$$

Où

L	Longueur de la chaîne d'isolateur
W	Diamètre de la chaîne d'isolateur
x	Position du pied d'arc en cm.
r_0	Rayon du pied d'arc

En plus du phénomène d'ionisation à trajectoire aléatoire, il faut ajouter le dégagement de chaleur produit par l'arc électrique, ce qui pousse ce dernier à se dégager de la surface vers le haut. Ceci s'observe facilement lors d'un contournement sur un long échantillon horizontal.

Dans le cas d'un isolateur de poste, l'arc se prolonge du sommet vers le pied de l'isolateur. Dans le cas d'une chaîne d'isolateurs suspendus, toutefois, l'arc électrique se prolonge du pied vers le sommet. Ainsi, un arc se propage plus rapidement dans le cas d'une chaîne d'isolateurs suspendue en raison de la convection thermique créé par la force d'Archimède. Donc, la valeur de la constante de réamorçage k (Tableau II-4) pour un arc au sommet est un peu plus élevée que celle au pied [Farzaneh M. et Zhang J., 2007] [Farzaneh M., 2008] [Farzaneh M. et Chisholm W.A., 2009].

Tableau II-4 : Constante de réamorçage [Farzaneh M. et al., 2006]

$k = 1118$	Pour un arc se propageant du bas
$k = 1300$	Pour un arc se propageant du haut

II.4 Outils d'analyse des phénomènes électriques sur une surface

II.4.1 Outils de mesure de potentiel

L'étude des mécanismes de décharges électriques sur les isolateurs pollués remonte à quelques décennies [Hampton B.F., 1964] [Rizk A.M.F. et Assaad A.A, 1971] [Li S. et al. 1990]. Ces chercheurs ont mesuré la chute de tension aux bornes des bandes sèches d'une surface polluée. Pour ce faire, ils ont utilisé un montage type à diviseur de tension capacitif (Figure II-8). Lorsque la couche de pollution est soumise à un contournement, la haute tension est mise à la surface supérieure du verre. Conformément à la théorie de l'électrostatique, des condensateurs sont construits par l'insertion de plaques métallique à la surface inférieure du verre. Il ne reste qu'à ajouter les condensateurs à bas niveau de tension pour obtenir la possibilité de mesurer une tension à un niveau compatible à l'isolation des systèmes d'acquisition de données usuels.

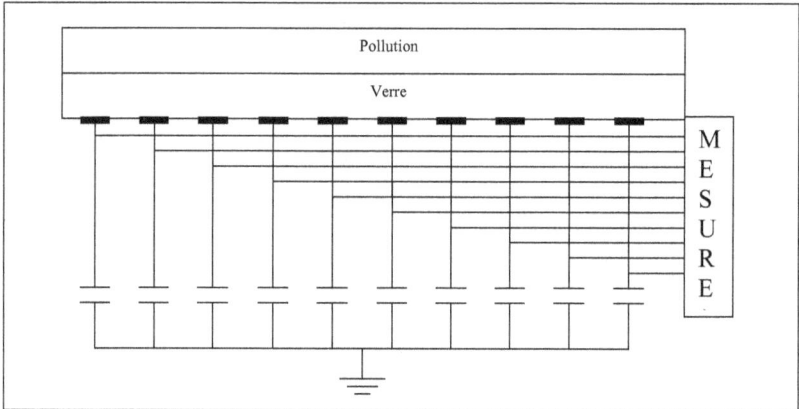

Figure II-8 : Montage type multimesures de potentiel
[Hampton B.F., 1964] [Rizk A.M.F. et Assaad A.A., 1971] [Li S. et al. 1990]

II.4.2 Outils de calcul numérique

Dans certaines circonstances, les mathématiques traditionnelles n'offre pas toujours un support adéquat pour représenter les conceptualisations découlant de l'expérimentation. C'est dans de tels cas que l'analyse numérique devient un puissant outil de calcul. Plus précisément, l'analyse numérique permet une approche algorithmique afin de résoudre des problèmes théoriques relatifs à la physique. En pratique, elle apporte des solutions numériques aux équations différentielles et autres problèmes des sciences physiques et de l'ingénierie.

L'analyse numérique se présente donc comme un excellent outil pour interpréter, analyser, préparer et expliquer des résultats expérimentaux. Deux méthodes sont fréquemment utilisées pour le calcul de champ : la méthode des éléments finis, MEF [Sigma W. et al., 2006] [Zhu Y. et al., 2006], et la méthode des éléments finis de frontière, MEFF [Farzaneh M. et al., 2006] [Volat C. et Farzaneh M., 2005-1, 2005-2] [Volat C. et Farzaneh M., 2006]. Peu importe si l'utilisateur préfère utiliser un programme commercial ou script personnel, il aura à faire quelques choix de base, à savoir :

- ◊ Trouver la méthode numérique offrant la meilleure approximation au domaine d'application. Plusieurs méthodes numériques existent, mais ne donnent pas tous de bons résultats tout dépendamment du domaine d'application.
- ◊ Modélisation de la forme forte en négligeant les considérations imperceptibles aux résultats. À partir des lois de comportement, l'équation différentielle du phénomène physique doit être déduite algébriquement.
- ◊ Modéliser la géométrie en prenant soins d'intégrer toutes les simplifications possibles.
- ◊ Choisir l'interpolation minimale donnant de bons résultats. Généralement, une interpolation quadratique livre de bons résultats.
- ◊ Choisir un schéma d'intégration numérique. Les quadratures sont souvent appréciées par leur simplicité, leur rapidité et leur précision.
- ◊ Choisir une méthode de résolution linéaire : l'inversion matricielle standard demande un grand temps de calcul par sa complexité.
- ◊ Imposer les conditions aux frontières : dépendamment si la condition au bord est un gradient ou un potentiel, une réduction du nombre de nœuds de résolution est possible.

Méthode des éléments finis

Le courant de fuite total ne fournissant des informations que sur l'ensemble de la surface étudiée, un ouvrage a été consacré à la distribution du courant de fuite d'un isolateur pollué en polymère [Zhu Y. et al., 2006]. Le courant de fuite est mesuré par trois systèmes de mesures analogiques en enregistrant la forme de l'onde de chaque point de contrôle. Parallèlement, tout le phénomène a été filmé avec une caméra haute vitesse (mille images par seconde) munie de photomultiplicateurs. Ainsi, les résultats expérimentaux sont observables à la figure II-9 [Zhu Y et al. 2006].

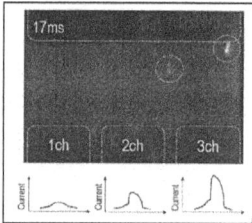

Figure II-9 : Phénomènes de décharge en fonction de la distribution du courant de fuite [Zhu Y et al. 2006]

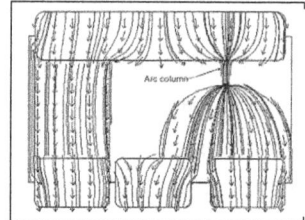

Figure II-10 : Distribution du champ électrique pendant une décharge partielle [Zhu Y et al. 2006]

Suite aux résultats expérimentaux obtenus précédemment, ces chercheurs se sont penchés sur la distribution du champ électrique. Ils ont ainsi modélisé la surface étudiée en prenant soin d'utiliser des formes géométriques simples. À l'aide de la méthode des éléments finis, MEF, l'analyse numérique de l'activité électrique à la surface a été réalisée (Figure II-10) [Zhu Y et al. 2006]. Cependant, les mesures n'ont été prises qu'aux frontières du domaine de la surface de contrôle, ce qui limite l'interprétation des phénomènes électriques.

CHAPITRE III
DÉVELOPPEMENT D'UN OUTIL D'ANALYSE
NUMÉRIQUE PAR ÉLÉMENTS FINIS

La mesure directe de la densité de courant surfacique étant impossible à obtenir par sa nature, l'utilisation d'un outil numérique comme complément d'analyse s'impose. Ce n'est que depuis quelques décennies que l'utilisation des méthodes numériques est devenue un puissant outil de calcul. Par ces nouvelles alternatives mathématiques et grâce à l'avancement des technologies de l'informatique, le calcul d'une distribution des équipotentielles et de la densité du courant associée est maintenant possible. Pour les besoins de cette étude, nous nous sommes limités à la méthode des éléments finis (MEF). Le principe et l'implémentation de cette méthode est décrit plus loin dans ce chapitre. Mais auparavant, l'analyse de la physique s'impose afin de déduire la forme forte : l'équation de Laplace qui sera résolue par ces méthodes et qui est issue des lois de comportement. Les lois de comportement ont pour but d'exprimer, en fonction de variables indépendantes (comme la position ou le temps), des inconnues dépendantes (comme la tension, la température ou la pression). Une loi de comportement doit :

- ◊ Caractériser une classe de milieux matériels soumis à certaines sollicitations
- ◊ Être issue de l'expérience
- ◊ Satisfaire au second principe de la thermodynamique
- ◊ Vérifier les conditions de stabilité et d'équilibre.

Plus précisément, s'il y a une différence de quantité, nommée gradient, il y aura un déplacement proportionnel à la résistance du milieu. Les lois de comportement n'ont rien à voir avec l'espace. Elles sont locales et elles sont valides en tout temps et en tout point du volume de contrôle.

III.1 Mise en équations

L'électromagnétisme est un domaine de la physique qui se compose de la dichotomie des phénomènes électriques et magnétiques produits par des charges électriques et leurs mouvements. Une pluralité de théorèmes tente de décrire ces phénomènes électromagnétiques.

III.1.1 Forme forte en état stationnaire

L'ingéniosité de James Clerk Maxwell a été d'unifier en lois de comportement les théorèmes de Carl Friedrich Gauss, André-Marie Ampère et Michael Faraday, sur l'électricité et le magnétisme, sous la forme d'un ensemble de quatre équations, chacune présentée sous forme différentielle et intégrale (équations 3.1 à 3.8) [Neff H.P., 1981]:

Forme différentielle		Forme intégrale	
$\nabla \times \vec{E} = -\dfrac{\partial \vec{B}}{\partial t}$	(3.1)	$\oint_\Gamma \vec{E} \cdot \vec{dl} = -\dfrac{\partial}{\partial t} \iint_S \vec{B} \cdot \vec{dS}$	(3.2)
$\nabla \times \vec{H} = \vec{J} + \dfrac{\partial \vec{D}}{\partial t}$	(3.3)	$\oint_\Gamma \vec{H} \cdot \vec{dl} = \iint_S \vec{J} \cdot \vec{dS} + \dfrac{\partial}{\partial t} \iint_S \vec{D} \cdot \vec{dS}$	(3.4)
$\nabla \cdot \vec{D} = \rho$	(3.5)	$\iint_S \vec{D} \cdot \vec{dS} = \iiint_\Omega \rho\, dV$	(3.6)
$\nabla \cdot \vec{B} = 0$	(3.7)	$\iint_S \vec{B} \cdot \vec{dS} = 0$	(3.8)

Où	$\vec{E}$:	Champ électrique	$\left(V/_m\right)$
	$\vec{H}$:	Champ magnétique (ou excitation magnétique)	$\left(A/_m\right)$
	$\vec{D}$:	Induction électrique (ou déplacement électrique)	$\left(C/_{m^2}\right)$
	$\vec{B}$:	Induction magnétique	(T)
	$\vec{J}$:	Densité surfacique de courant	$\left(A/_{m^2}\right)$

ρ :	Densité volumique de charges	$\left(\frac{C}{m^3}\right)$
t :	temps	(s)

Aux équations de Maxwell, s'ajoutent les relations constitutives qui lient $\vec{D}$ à $\vec{E}$, $\vec{J}$ à $\vec{E}$ et $\vec{E}$ à $\vec{H}$ (équation 3.9 à 3.11)

$$\vec{D} = \varepsilon \cdot \vec{E} \qquad (3.9)$$
$$\vec{J} = \sigma \cdot \vec{E} \qquad (3.10)$$
$$\vec{B} = \mu \cdot \vec{H} \qquad (3.11)$$

Où les variables ε, σ et μ représentent les propriétés du milieu, nommées respectivement permittivité électrique, conductivité électrique et susceptibilité magnétique. Avant de passer à la forme forte du phénomène électromagnétique à étudier, il faut se livrer à un approfondissement des équations différentielles, tel le passage en nombre complexe. À cet effet, les recherches de Louis-Joseph Fourier suggèrent de remplacer des dérivés temporelles $\frac{\partial}{\partial t}$ par $j\omega$, où j est l'unité imaginaire et ω la pulsation de la source. En tenant compte des relations constitutives, les équations de Maxwells deviennent (équations 3.12 à 3.15) :

$$\nabla \times \vec{E} = -j\omega\mu\vec{H} \qquad (3.12)$$
$$\nabla \times \vec{H} = \sigma\vec{E} + j\omega\varepsilon\vec{E} \qquad (3.13)$$
$$\nabla \cdot \left(\varepsilon\vec{E}\right) = \rho \qquad (3.14)$$
$$\nabla \cdot \vec{B} = 0 \qquad (3.15)$$

Pour le cas à l'étude, il n'est pas nécessaire de modéliser le champ magnétique sur la glace humide [Kannus K. et al., 1998] [Volat C. et al. 2010]. Dans le même ordre d'idées, l'accumulation volumique de charge supposée inexistante. Voici donc les équations de Maxwell adaptées à la déduction de la forme forte (équation 3.16 à 3.18) :

$$\nabla \times \vec{E} = 0 \tag{3.16}$$

$$\nabla \cdot \left(\varepsilon \vec{E} \right) = 0 \tag{3.17}$$

$$\vec{J} = \sigma \cdot \vec{E} \tag{3.18}$$

Sachant que le champ électrique est la dérivée d'un potentiel φ, la déduction du Laplacien se trouve en découplant l'équation 3.17 comme suit (équation 3.19):

$$\left. \begin{array}{l} \nabla \cdot \varepsilon \vec{E} = 0 \\ \vec{E} = -\nabla(\varphi) \end{array} \right\} \longrightarrow \nabla \cdot \left(-\varepsilon\, \nabla(\varphi) \right) = 0 \tag{3.19}$$

Où $\quad \varphi :\quad$ est le potentiel (V)

Par contre, la capacité de la glace est négligeable [Meghnefi et al., 2007] étant donné que le film d'eau à la surface de la glace est fortement conducteur, la majorité du courant circulant à la surface de la glace en fonte (voir le chapitre 2 sur les propriétés électriques de la glace). Ainsi, il est inutile de développer un script en régime transitoire : l'utilisation en boucle d'un script stationnaire à plusieurs points d'une courbe sinusoïdale est suffisante (équation 3.20).

$$\nabla \cdot \left(-\gamma\, \nabla(\varphi) \right) = 0 \tag{3.20}$$

Où $\quad \gamma :\quad$ conductivité surfacique de la glace en fonte (S)

III.2 Méthode des éléments finis (MEF)

Tout comme d'autres méthodes numériques (méthode des volumes finis, méthode des différences finis, méthode des éléments finis de frontière), la MEF sert à résoudre des équations aux dérivées partielles en utilisant des approximations d'intégrales. De plus, la MEF est fondée sur une formulation variationnelle dite de forme faible. Selon plusieurs recherches scientifiques publiées, la méthode des éléments finis [Zhu Y et al., 2006] [Yéo Z., 1997] et la méthode des éléments finis de frontière [Volat C. et Farzaneh M, 2005-1] [Volat C. et Farzaneh M, 2005-2] [Volat C. et Farzaneh M, 2006] [Farzaneh M et al., 2006] sont les principales techniques d'analyse numérique utilisées pour résoudre l'équation de Laplace, $\nabla^2 V = 0$, pour des géométries complexes. Ainsi, la majeure partie du reste de ce chapitre vise à l'explication de la MEF, son script étant annexé. Le code développé est généralisé de manière à pouvoir changer rapidement la géométrie, les matériaux, ou les conditions aux frontières, afin d'accommoder la résolution au système de l'étude visée.

III.2.1 Discrétisation

Forme faible

Pour trouver la distribution de potentiel en deux dimensions à la surface d'une couche de glace par la méthode des éléments finis, il faut réécrire l'équation 3.20 comme suit (équation 3.21).

$$\frac{\partial}{\partial x}\left[\gamma_x \frac{\partial \varphi}{\partial x}\right] + \frac{\partial}{\partial y}\left[\gamma_y \frac{\partial \varphi}{\partial y}\right] = 0 \tag{3.21}$$

où γ est la conductivité surfacique de la glace
φ est le potentiel local

La forme variationnelle se trouve à l'aide d'une pondération de type Galerkine [Marceau D., 2007]. En intégrant sur tout le volume, on obtient de la formulation faible du problème (équation 3.22):

$$\int_V \delta\varphi \left\{ \frac{\partial}{\partial x}\left[\gamma_x \frac{\partial \varphi}{\partial x}\right] + \frac{\partial}{\partial y}\left[\gamma_y \frac{\partial \varphi}{\partial y}\right] \right\} dV = 0 \tag{3.22}$$

En utilisant l'intégration par parties suivante (équation 3.23),

$$\begin{cases} \delta\varphi\left[\gamma_x\dfrac{\partial\varphi}{\partial x}\right]=\dfrac{\partial}{\partial x}\left[\delta\varphi\cdot\gamma_x\dfrac{\partial\varphi}{\partial x}\right]-\dfrac{\partial\delta\varphi}{\partial x}\gamma_x\dfrac{\partial\varphi}{\partial x} \\[2mm] \delta\varphi\dfrac{\partial}{\partial y}\left[\gamma_y\dfrac{\partial\varphi}{\partial y}\right]=\dfrac{\partial}{\partial y}\left[\delta\varphi\cdot\gamma_y\dfrac{\partial\varphi}{\partial y}\right]-\dfrac{\partial\delta\varphi}{\partial y}\gamma_y\dfrac{\partial\varphi}{\partial y} \end{cases} \quad (3.23)$$

on parvient à la réécriture de l'équation 3.22 en réduisant l'ordre de dérivée, ce qui donne l'équation 3.24.

$$\int_V\left\{\delta\varphi\dfrac{\partial}{\partial x}\left[\delta\varphi\cdot\gamma_x\dfrac{\partial\varphi}{\partial x}\right]+\delta\varphi\dfrac{\partial}{\partial y}\left[\delta\varphi\cdot\gamma_y\dfrac{\partial\varphi}{\partial y}\right]-\dfrac{\partial\delta\varphi}{\partial x}\gamma_x\dfrac{\partial\varphi}{\partial x}-\dfrac{\partial\delta\varphi}{\partial y}\gamma_y\dfrac{\partial\varphi}{\partial y}\right\}dV=0 \quad (3.24)$$

Par l'application du théorème de Green sur les deux premiers termes, une partie de l'intégrale de volume se transforme en une intégrale de contour (équation 3.25) :

$$\int_S\delta\varphi\left\{\gamma_x\dfrac{\partial\varphi}{\partial x}dy+\gamma_y\dfrac{\partial\varphi}{\partial y}dx\right\}-\int_V\left\{\dfrac{\partial\delta\varphi}{\partial x}\gamma_x\dfrac{\partial\varphi}{\partial x}+\dfrac{\partial\delta\varphi}{\partial y}\gamma_y\dfrac{\partial\varphi}{\partial y}\right\}dV=0 \quad (3.25)$$

L'intégrale de contour de l'équation 3.25 peut se réorganiser à l'aide des fonctions de forme pour arriver à l'équation 3.26.

$$\int_S\delta\varphi\left\{\gamma_x\dfrac{\partial\varphi}{\partial x}n_x+\gamma_y\dfrac{\partial\varphi}{\partial y}n_y\right\}dS-\int_V\left\{\dfrac{\partial\delta\varphi}{\partial x}\gamma_x\dfrac{\partial\varphi}{\partial x}+\dfrac{\partial\delta\varphi}{\partial y}\gamma_y\dfrac{\partial\varphi}{\partial y}\right\}dV=0 \quad (3.26)$$

$$q=\gamma_x\dfrac{\partial\varphi}{\partial x}n_x+\gamma_y\dfrac{\partial\varphi}{\partial y}n_y \quad (3.27)$$

où q est la densité de courant. Cette notation a été prise pour éviter toute confusion avec le Jacobien : J

n_x et n_y sont les dérivées en x et en y de la fonction de forme. Cette notion sera explicitée à travers la section - Interpolation.

Finalement, en substituant l'expression 3.27 du flux dans l'équation 3.26, on obtient la forme faible finale (équation 3.28).

$$\int_V \left\{ \frac{\partial \delta \varphi}{\partial x} \gamma_x \frac{\partial \varphi}{\partial x} + \frac{\partial \delta \varphi}{\partial y} \gamma_y \frac{\partial \varphi}{\partial y} \right\} dV = \int_S \delta\varphi \{J\} dS \qquad \textbf{(3.28)}$$

Conditions aux frontières

Trois principaux types de condition de frontière existent en éléments finis : Dirichlet, Neumann, et Cauchy-Riemann. La condition de type Dirichlet correspond à fixer la variable aux frontières, ici le potentiel, à un nœud. Elle est la plus simple des conditions limites et la seule utilisée dans la présente application. La condition de type Neumann, qui se veut l'imposition d'un gradient, correspond ici au champ électrique. Finalement, la condition de type Cauchy-Riemann, quoiqu'elle ne soit pas d'utilité dans cette application, correspondrait à une convection en transfert de chaleur.

Dirichlet

$$\begin{bmatrix} 1 & 0 & 0 & ... \\ -\gamma_e & \gamma_e & 0 & ... \\ -\gamma_e & 2\gamma_e & -\gamma_e & ... \\ 0 & ... & ... & ... \end{bmatrix} \begin{Bmatrix} \varphi_1 \\ \varphi_2 \\ \varphi_3 \\ ... \end{Bmatrix} = \begin{Bmatrix} \varphi_a \\ J_a \\ J_b \\ ... \end{Bmatrix} \qquad \textbf{(3.29)}$$

Neumann

$$J = -\gamma \cdot \nabla . \varphi = cste \longrightarrow \int_S \delta\varphi\{J\}dS = \int_S \delta\varphi\{-\gamma\nabla.\varphi\}dS = -\gamma \underbrace{\int_S \left\{ \delta\varphi\frac{\partial\varphi}{\partial x} + \delta\varphi\frac{\partial\varphi}{\partial y} \right\}dS}_{\text{Contribution au vecteur second membre}} = cste \tag{3.30}$$

Cauchy-Riemann

$$J = c_h(\varphi - \varphi_\infty) \longrightarrow \int_S \delta\varphi\{J\}dS = \int_S \delta\varphi\{c_h(\varphi - \varphi_\infty)\}dS = \underbrace{\int_S \delta\varphi \cdot c_h \cdot \varphi \cdot dS}_{\substack{\text{Contribution à la matrice} \\ \text{de rigidité}}} - \underbrace{\int_S \delta\varphi \cdot c_h \cdot \varphi_\infty dS}_{\substack{\text{Contribution au vecteur} \\ \text{second membre}}} \tag{3.31}$$

III.2.2 Interpolation

Jusqu'à présent, tout le développement mathématique reste quand même près du standard de l'analyse vectorielle. Cette section montrera comment on peut remplacer la solution continue par une solution d'un certain nombre de points. Ainsi, la surface de glace peut être subdivisée en régions nommées éléments, suivant un maillage prédéfini [Marceau D., 2007] .

On serait portés à penser que plus il y a de subdivisions, plus la solution est précise. Cette affirmation n'est vraie que sur papier car l'utilisation de l'informatique entraîne une dérive de la justesse par une somme trop importante d'erreurs de troncature aux nombres à partir d'une certaine quantité d'éléments donnée [Fortin A, 1996].

La modélisation d'un système incorpore aussi le choix du maillage comme l'une des étapes essentielles. Il est possible d'utiliser un maillage régulier. Ces maillages sont généralement composés de triangles, de quadrilatères, d'hexagones ..., en fait de n'importe quelle forme qui soit à la fois équilatérale et équiangle. La forme des équations sera alors toujours la même, ce qui implique une résolution simplifiée du problème. Par contre, une telle approche moyenne un coût. En effet, pour obtenir une solution fiable, la densité de maillage doit être forte sur toute la surface : donc une résolution demandant un long traitement.

Les maillages irréguliers sont donc généralement plus utilisés. Les zones près des terminaux de capteur et près du pied d'arc contiennent une densité de maillage plus grand puisque le champ électrique y est plus intense que sur le reste de l'échantillon de glace.

Les éléments sont délimités par des nœuds. On peut aussi associer d'autres nœuds le long des segments des éléments. Ainsi, chaque élément peut bénéficier d'une interpolation linéaire, quadratique ou cubique (Tableau III-1 et III-2).

Tableau III-1 : Éléments à une dimension [Yéo Z., 1997]

	Degré d'interpolation		
	Linéaire	Quadratique	Cubique
Éléments linéiques			

Tableau III-2 : Éléments à deux dimensions [Yéo Z., 1997]

	Degré d'interpolation		
	Linéaire	Quadratique	Cubique
Éléments triangulaires			
Éléments quadrilatéraux			

Le choix du maillage dépend essentiellement de la géométrie, mais aussi des informations recherchées. Dans notre cas, c'est la densité de courant qui est étudiée. Pour obtenir une solution fiable dans tous les sens, il est avantageux d'utiliser des éléments triangulaires pour bien évaluer la distribution en x et en y des lignes de champ. Quoique l'utilisation de spline cubique donne une solution d'apparence continue, l'interpolation quadratique attribue une continuité suffisante pour notre application. Ainsi, le maillage choisi est basé sur des éléments triangulaires à 6 nœuds.

Fonction de forme

Les fonctions de forme représentent l'interrelation entre les nœuds de l'interpolation choisie. Elles sont prévues et réunies dans la variable matricielle N. Commençons par exprimer l'interpolation quadratique (équations 3.32 et 3.33) sur un triangle à six nœuds (Figure III-1).

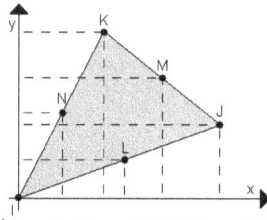

Figure III-1 : Éléments triangulaires à 6 nœuds [Marceau D., 2007]

$$\vartheta(x, y) = a_0 + a_1 x + a_2 y + a_3 xy + a_4 x^2 + a_5 y^2 \tag{3.32}$$

$$\vartheta(x, y) = \left\langle 1 \quad x \quad y \quad xy \quad x^2 \quad y^2 \right\rangle \begin{Bmatrix} a_0 \\ a_1 \\ a_2 \\ a_3 \\ a_4 \\ a_5 \end{Bmatrix} = \left\langle M \right\rangle \{a\} \tag{3.33}$$

où $\vartheta(x, y)$ est la tension au point de collocation (x,y) à l'intérieur du triangle.

Afin de résoudre les variables aux bornes du système, il faut utiliser une notation variationnelle pour retrouver une interpolation Lagrangienne (de deuxième degré), appelée fonction de formes. À partir de la définition nodale de la figure 4, l'interpolation de l'équation 3.33 peut se réécrire matriciellement (équation 3.34).

$$\vartheta_e(x,y) = \begin{Bmatrix} \vartheta_i \\ \vartheta_j \\ \vartheta_k \\ \vartheta_l \\ \vartheta_m \\ \vartheta_n \end{Bmatrix} = \begin{bmatrix} 1 & 0 & 0 & 0 & 0 & 0 \\ 1 & x_j & y_j & x_j y_j & x_j^2 & y_j^2 \\ 1 & x_k & y_k & x_k y_k & x_k^2 & y_k^2 \\ 1 & x_l & y_l & x_l y_l & x_l^2 & y_l^2 \\ 1 & x_m & y_n & x_m y_m & x_m^2 & y_m^2 \\ 1 & x_n & y_n & x_n y_n & x_n^2 & y_n^2 \end{bmatrix} \begin{Bmatrix} a_0 \\ a_1 \\ a_2 \\ a_3 \\ a_4 \\ a_5 \end{Bmatrix} \longrightarrow \{a\} = [A]^{-1}\{\vartheta\}_e \qquad \textbf{(3.34)}$$

La résolution de l'interpolation est donc représentée dans l'équation 3.35.

$$\vartheta(x,y) = \langle M \rangle [A]^{-1}\{\vartheta\}_e$$
$$\vartheta(x,y) = \langle N \rangle \{\vartheta\}_e \qquad \textbf{(3.35)}$$
$$\vartheta(x,y) = \langle N_1(x,y) \quad N_2(x,y) \quad N_3(x,y) \quad N_4(x,y) \quad N_5(x,y) \quad N_6(x,y) \rangle \cdot \{\vartheta\}_e$$

À partir de l'équation 3.35, on peut déduire les fonctions de forme qui serviront comme base de référence [Marceau D., 2007] (équation 3.36).

$$\{N_i\} = \langle M_i \rangle^{-1} \{P_i\} \qquad \textbf{(3.36)}$$

où   i est l'indice de la fonction de forme recherchée

Jacobien

Chaque élément triangulaire doit passer un à un dans une boucle de résolution du système.   Le début du procédé met en mémoire la position réelle de l'élément sélectionné, c'est-à-dire en (x,y), afin de pouvoir calculer chaque Jacobien affecté à l'élément considéré. Ce Jacobien sert à contourner la distorsion numérique le long de la frontière internodale entre deux éléments (Figure III-2).

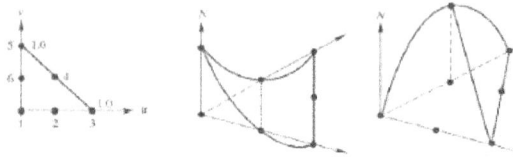

FigureIII-2 : Interpolation transposée [Marceau D., 2007]

Tout triangle, tel qu'il était lors de la création du maillage, est projeté dans un autre système référentiel (en u,v), dans lequel son aire est unitaire. Une fois que l'élément triangulaire est projeté dans ce nouvel espace, les fonctions de forme sont toujours les mêmes, suivant une interpolation de Lagrange de deuxième degré. Par exemple, tel qu'illustré à la figure 3, la fonction de forme numéro 2 vaut 1 au nœud 2, et vaut 0 à tous les autres nœuds (équation 3.37).

$$\begin{Bmatrix} N_1 \\ N_2 \\ N_3 \\ N_4 \\ N_5 \\ N_6 \end{Bmatrix} = \begin{Bmatrix} (u+v-1)\cdot(2u+2v-1) \\ -4u\cdot(u+v-1) \\ (2u-1)\cdot u \\ 4\cdot u\cdot v \\ (2v-1)\cdot v \\ -4\cdot(u+v-1)\cdot v \end{Bmatrix} \tag{3.37}$$

Résultats de la discrétisation

L'expression générale de la matrice K est écrite sous la forme d'une somme de quatre matrices :

$$[K] = [S_1] - [S_2] - [S_3] + [S_h] \tag{3.38}$$

Système de base en régime établi - vient de la composition du matériau

$$[S_1] = \int\limits_{V_{uv}} \left\langle \left\{ \frac{dN}{dx} \right\} \quad \left\{ \frac{dN}{dy} \right\} \right\rangle \begin{bmatrix} R_x & 0 \\ 0 & R_y \end{bmatrix} \left\{ \begin{array}{c} \left\langle \frac{\partial N}{\partial x} \right\rangle \\ \left\langle \frac{\partial N}{\partial y} \right\rangle \end{array} \right\} \|J\| dV \qquad \textbf{(3.39)}$$

Système adiabatique - Seconde loi de la thermodynamique

$$[S_2] = \int\limits_{V_{uv}} \{N\} \left\langle B_x \quad B_y \right\rangle \left\{ \begin{array}{c} \left\langle \frac{\partial N}{\partial x} \right\rangle \\ \left\langle \frac{\partial N}{\partial y} \right\rangle \end{array} \right\} \|J\| dV \qquad \textbf{(3.40)}$$

$$[S_3] = \int\limits_{V_{uv}} \{N\} G \langle N \rangle \|J\| dV \qquad \textbf{(3.41)}$$

Condition aux frontières de Cauchy-Riemann

$$[S_h] = \int\limits_{u} \{N\} C_h \langle N \rangle \|J_s\| du \qquad \textbf{(3.42)}$$

Les composantes S_2, S_3 et S_h sont inexistantes, du fait de la physique du problème. Donc :la valeur de K est donnée par l'équation 3.43.

$$[K] = \left[\int\limits_{V_{uv}} \left\langle \frac{dN}{dx} \quad \frac{dN}{dy} \right\rangle \begin{bmatrix} \gamma_x & 0 \\ 0 & \gamma_y \end{bmatrix} \left\{ \begin{array}{c} \frac{\partial N}{\partial x} \\ \frac{\partial N}{\partial y} \end{array} \right\} \|J\| dV \right] \qquad \textbf{(3.43)}$$

Le vecteur du second membre de l'équation 3.28 est la somme de trois vecteurs (équation 3.44) :

$$\{Q\} = \{f_h\} + \{f_H\} + \{f_q\} \qquad \textbf{(3.44)}$$

où

Source énergétique interne $\left[f_H\right] = \int\limits_{V_{u,v}} \{N\}\, H \|J\| dV$ **(3.45)**

Condition de Neumann :
Flux imposé à une frontière $\left[f_q\right] = \int\limits_{u} \{N\}\, q \langle N \rangle \|J_s\| du$ **(3.46)**

Condition de Cauchy-Riemann : Flux de
convection à une frontière $\left[f_h\right] = \int\limits_{u} \{N\}\, C_h \varphi_a \|J_s\| du$ **(3.47)**

La composante $\{f_H\}$ est égale à zéro, car le système ne possède pas de source interne de génération d'énergie. La composante $\{f_q\}$, qui représente la condition naturelle de flux (Neumann), est inexistante dans ce cas. Finalement, la composante $\{f_h\}$, qui représente la condition de Cauchy-Riemann n'a pas plus d'utilité. Ainsi, le vecteur du second membre n'a aucun flux dans ses entrées, sauf la valeur de la tension associée aux nœuds de bord.

Intégration

Une fois toutes les valeurs initiales connues, on peut procéder à l'intégration. La stratégie choisie à cet effet est la quadrature, à cause de sa rapidité, sa simplicité et sa précision. Les points et les poids de la quadrature de Gauss-Hammer pour une géométrie d'éléments triangulaires, comparables à celle de Gauss-Legendre pour des éléments rectangulaires, sont présentés dans le tableau III-3.

Tableau III-3 : Quadrature de Gauss-Hammer

Ordre	Nb pts	Points	Poids
2	3	$\begin{cases} U = [\,\frac{1}{2},\, 0,\, \frac{1}{2}\,] \\ V = [\,\frac{1}{2},\, \frac{1}{2},\, 0\,] \end{cases}$	$W = [\,\frac{1}{6},\, \frac{1}{6},\, \frac{1}{6}\,]$
2	3	$\begin{cases} U = [\,\frac{1}{6},\, \frac{2}{3},\, \frac{1}{6}\,] \\ V = [\,\frac{1}{6},\, \frac{1}{6},\, \frac{2}{3}\,] \end{cases}$	$W = [\,\frac{1}{6},\, \frac{1}{6},\, \frac{1}{6}\,]$

5	7	$\begin{cases} U = [\frac{1}{3}, a, 1\text{-}2a, a, b, 1\text{-}2b, b] \\ V = [\frac{1}{3}, a, a, 1\text{-}2a, b, b, 1\text{-}2b] \end{cases}$ $a = \left(6 + \sqrt{15}\right)/21$ $b = \frac{4}{7} - a$	$W = [\frac{1}{6}, A, A, A, B, B, B]$ $A = \left(155 + \sqrt{15}\right)/2400$ $B = 31/240 - A$

III.2.3 Calcul de la densité de courant

Le principal argument qui soutient le choix d'implémentation la MEF comme outil d'analyse numérique est sa facilité à prendre compte le calcul des flux nodaux. À l'aide d'une méthode de récurrence, les flux nodaux sont pondérés suivant la moyenne des flux des éléments possédant ces nœuds, ce qui est illustré à la figure III-3 et dans l'équation 3.48.

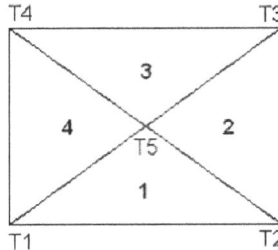

FigureIII-3 : Exemple de maillage triangulaire à 3 nœuds dans le calcul des flux nodaux

$$\vec{q}_{\text{Noeud 5}} = \frac{1}{4}\left(\vec{q}_{5 \text{ de l'élément 1}} + \vec{q}_{5 \text{ de l'élément 2}} + \vec{q}_{5 \text{ de l'élément 3}} + \vec{q}_{5 \text{ de l'élément 4}}\right)$$

$$\vec{q}_{\text{Noeud 2}} = \frac{1}{2}\left(\vec{q}_{2 \text{ de l'élément 1}} + \vec{q}_{2 \text{ de l'élément 2}}\right)$$

$$\text{où} \quad \gamma_x = \gamma_y = \gamma$$

$$\underbrace{\vec{q} = \begin{Bmatrix} q_x \\ q_y \end{Bmatrix} = \gamma \begin{Bmatrix} \dfrac{\partial \varphi}{\partial x} \\ \dfrac{\partial \varphi}{\partial x} \end{Bmatrix}}_{\text{Densité de courant}}$$

(3.48)

Selon l'équation 3.48, le champ électrique en (x,y) est obtenu par la multiplication du différentiel de potentiel en (u,v) avec les termes de la matrice jacobienne élémentaire inversée (équation 3.49).

$$
\left\{
\begin{aligned}
\frac{\partial \varphi}{\partial u} &= \left\langle \frac{\partial N_1}{\partial u} \quad \frac{\partial N_2}{\partial u} \quad \frac{\partial N_5}{\partial u} \right\rangle \left\{ \begin{aligned} \varphi_1 \\ \varphi_2 \\ \varphi_5 \end{aligned} \right\} \\
\frac{\partial \varphi}{\partial v} &= \left\langle \frac{\partial N_1}{\partial v} \quad \frac{\partial N_2}{\partial v} \quad \frac{\partial N_5}{\partial v} \right\rangle \left\{ \begin{aligned} \varphi_1 \\ \varphi_2 \\ \varphi_5 \end{aligned} \right\}
\end{aligned}
\right.
\tag{3.49}
$$

Il suffit donc de calculer le champ électrique et de le multiplier par la conductivité surfacique du film d'eau pour obtenir l'équation 3.50 qui représente le champ dans les axes des abscisses et des ordonnées.

$$
\left\{
\begin{aligned}
\frac{\partial \varphi}{\partial x} &= \frac{\partial \varphi}{\partial u}\frac{\partial u}{\partial x} + \frac{\partial \varphi}{\partial v}\frac{\partial v}{\partial x} \\
\frac{\partial \varphi}{\partial y} &= \frac{\partial \varphi}{\partial u}\frac{\partial u}{\partial y} + \frac{\partial \varphi}{\partial v}\frac{\partial v}{\partial y}
\end{aligned}
\right.
\tag{3.50}
$$

III.2.4 Identification inverse de la conductivité surfacique moyenne

L'investigation expérimentale du phénomène peut se faire autant dans un laboratoire haute tension qu'avec une simulation numérique. En effet, chaque essai expérimental est simulé numériquement, en utilisant un code qui incorpore les données expérimentales. La distribution de la densité de courant durant la propagation de l'arc électrique sur la surface de glace étant déterminée, il est possible de calculer le courant total à l'une des frontières. Par contre, comme il est difficile de prévoir l'épaisseur du film d'eau et la conductivité de celui-ci, on se penchera plutôt sur le calcul de la conductivité surfacique moyenne.

Il est plus simple de calculer le courant de fuite total à la base de l'échantillon pour des considérations géométriques. D'un nœud frontalier à l'autre, les flux nodaux sont les mêmes moyennant un léger écart numérique. Afin de développer un script réutilisable dans toutes les situations possibles, celui-ci a été conçu pour intégrer la base de la plaque de glace, peu importe la géométrie de cette plaque ou de son maillage. En effet, la figure 4 montre que la géométrie des éléments n'est pas symétrique. Ainsi, chaque ovale correspond à l'hypothèse que le flux nodal associé est constant. Il est donc possible d'intégrer le champ électrique de la base.

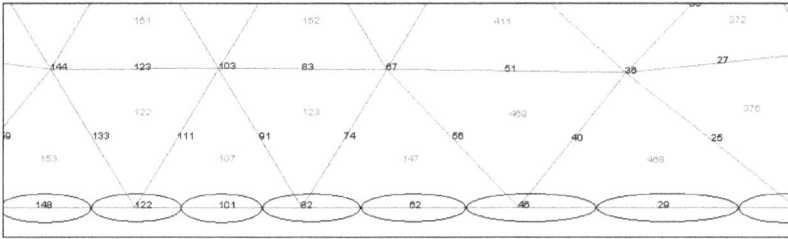

Figure III-4 : Zone frontalière de maillage

La densité de courant est volumique par défaut. Si on considère l'une des dimensions d'un conducteur très faible devant les deux autres (comme l'exemple du film d'eau), on peut définir une densité de courant surfacique. À partir du courant enregistré durant l'expérience physique et l'intégration du champ électrique sur la largeur, il est possible de déduire la conductivité surfacique (équation 3.51 et Script 8 en annexe).

$$I = \iint_S \vec{J} \cdot \vec{dS} = \int_x \left(\int_y \sigma \vec{E} \cdot \vec{dy} \right) \vec{dx} = \int_x \vec{J_s} \vec{dx} = \int_x \gamma_e \vec{E} \vec{dx} = \gamma_e \int_x \vec{E} \vec{dx}$$

$$\downarrow$$

$$\gamma_e = \frac{I}{\int_x \vec{E} \vec{dx}}$$

(3.51)

CHAPITRE IV
MÉTHODOLOGIE EXPÉRIMENTALE

Tel que mentionné dans les chapitres précédents, l'étude comprend deux parties : l'analyse numérique, présentée au chapitre 3, et l'analyse expérimentale présentée dans ce chapitre. Il est à noter que les essais expérimentaux ont été effectués aux laboratoires de la Chaire industrielle CIGELE, à l'Université du Québec à Chicoutimi (UQAC).

La première section de ce chapitre porte sur le modèle simplifié d'un isolateur recouvert de glace. Les deux sections suivantes décrivent l'outil de mesure mis au point, ainsi que sa qualité métrologique. La dernière section est consacrée à la procédure expérimentale.

IV.1 Modèle simplifié d'isolateur recouvert de glace

Il fallait utiliser un modèle physique d'isolateur puisque la mesure directe sur un isolateur réel est physiquement impossible. Nous avions le choix entre plusieurs modèles : un cylindre de verre [Tavakoli C., 2004], un échantillon de glace rectangulaire ou un triangle de glace [Farzaneh et al., 1994]. Le cylindre de verre a rapidement été écarté parce qu'il impliquait davantage de problèmes pour les mesures, la protection contre la haute tension et la modélisation informatique.

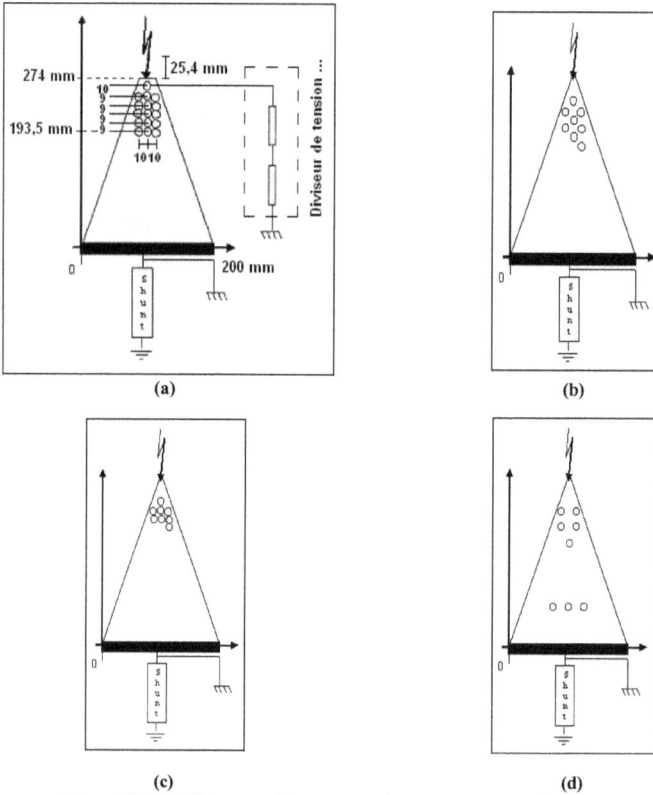

Figure IV-1 : Différents positionnements de mesure sur le modèle simplifié

Finalement, le modèle de glace triangulaire a été préféré au modèle rectangulaire parce qu'il avait déjà été utilisé par d'autres chercheurs de la CIGELE. Une autre raison de ce choix était la possibilité de capter le pied d'arc au centre de la zone de mesure. Ainsi, le contenant triangulaire permet la connexion d'un maillage d'électrodes afin de mesurer la distribution de potentiels. Cette cartographie de potentiel est une étape intermédiaire pour déterminer la distribution de la densité du courant, puisque cette dernière ne peut être mesurée directement, d'où les différents schémas de maillage (Figure IV-1).

Le triangle avait une hauteur de 274 mm pour une base de 200 mm. L'épaisseur de glace, qui y a été formée, comprenait une couche de quelques millimètres d'épaisseur formée à partir d'eau déminéralisée sur laquelle était ajoutée couche d'eau ayant la conductivité désirée (80, 150, 225 ou 300μS). Le contenant triangulaire était formé de céramique pour le fond et de verre pour les côtés. Chaque électrode était formée d'un ruban de cuivre, celle de droite (Figure IV-2) ayant une largeur de 25mm (Figure IV-2).

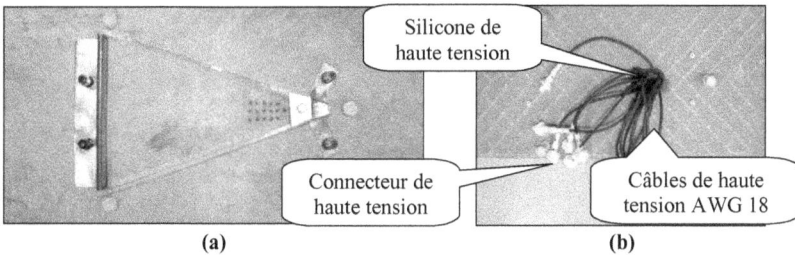

Figure IV-2 : Triangle de glace, a) vue du dessus, b) vue du dessous

Les électrodes de mesure étaient espacées d'environ 10 mm verticalement et horizontalement (Figures IV-1 et IV-2). La céramique avait été préliminairement percée pour y insérer les électrodes. Ces dernières étaient la continuité de conducteurs de haute tension reliant le modèle simplifié au diviseur de tension, leur hauteur étant supérieure à l'épaisseur de la glace. Finalement, l'étanchéité du tout était assurée par des joints de silicone de haute tension.

En ce qui concerne la numérotation des points de mesure pour tous les cas de la figure IV-1, leur répartition s'est faite de gauche à droite, puis de haut en bas.

IV.2 Développement d'un outil de mesure

Un diviseur de tension capacitif a été réalisé en utilisant un maillage de condensateurs en plan formés d'électrodes circulaires en cuivre montées sur une plaque de verre faisant office de diélectrique (Figure IV-3). Le verre ayant plus de 5 mm d'épaisseur, la tenue électrique totale du circuit de mesure est supérieure à 150 kV. Si le verre éclatait à un endroit après une contrainte électrique trop intense, il restait encore deux autres condensateurs pour tenir la tension.

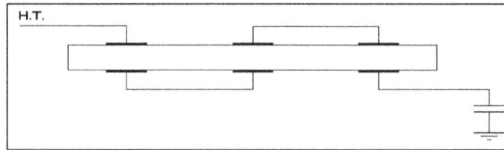

Figure IV-3 : Diviseur de tension avec 3 condensateurs haute tension.

Ce diviseur de tension permet de baisser suffisamment la tension appliquée à une des voies de mesure afin de pouvoir la mesurer Les condensateurs du côté de la haute tension étaient des disques de cuivre collés sur une plaque de verre formant trois condensateurs en série. Quant au condensateur du côté de la basse tension, nous avons utilisé un condensateur commercial. Chaque électrode de mesure était relié à un diviseur capacitif monté sur une plaque de verre (Figure IV-4).

Un câble de catégorie AWG 18 reliait le modèle simplifié au diviseur de tension. Son isolation pouvait tenir une tension de 40 kilovolts. Afin de pouvoir déconnecter l'échantillon pour y créer la surface de glace, des connecteurs spéciaux ont été utilisés (Figures IV-2 et IV-4).

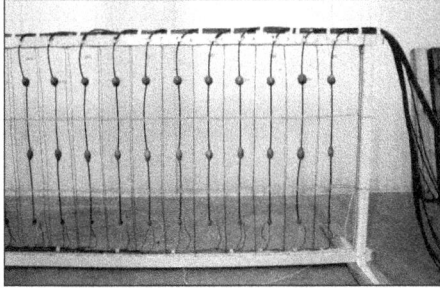

Figure IV-4 : Maillage de mesure capacitif

L'avantage de ce système est qu'il est simple à fabriquer et peu dispendieux. Cependant, étant donné que les diviseurs de tension sont tous montés sur la même plaque de verre (et que les fils soient côte à côte), l'étalonnement de chaque voie de mesure devient complexe puisqu'il faut prendre en compte les capacités induites par les autres voies de mesure. Quelques mesures d'atténuation ont ainsi été entreprises pour limiter ces couplages capacitifs parasitaires, tels que le blindage des câbles, l'ajout d'une grille de garde (Figures IV-4 et IV-5) ainsi que l'utilisation d'une pâte semi-conductrice pour limiter le développement d'effluves aux points triples (Figure IV-5).

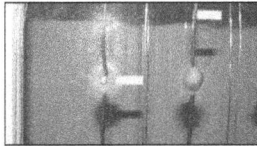

Figure IV-5 : Boules de pâte semi-conductrice

IV.2.1 Protection

La figure V-6, présente le circuit de protection qui a été utilisé dans nos études. Les jonctions J1 représentent la mise à la terre, les jonctions J2 représentent la mesure, et les jonctions J3 représentent l'entrée des amplificateurs différentiels isolés (optocoupleurs). Chaque connexion avec la masse était soit soudée, ou serrée sur une surface brossée.

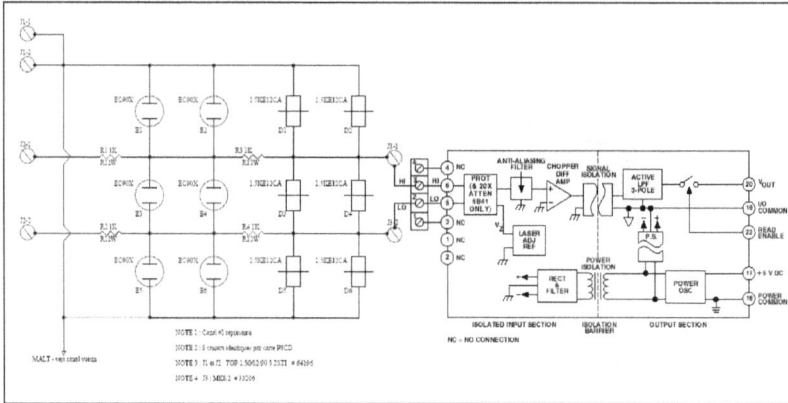

Figure IV-6 : Circuit de protection

Si la haute tension atteint l'un des conducteurs reliés au circuit de protection, l'énergie sera automatiquement redirigée vers la masse, les diodes Zener réagissant les premières en dix microsecondes. Elles sont relayées par les éclateurs après quelques dizaines de microsecondes. Le temps que les disjoncteurs coupent le circuit (3 cycles), l'intensité du courant passe de sept ampères (au déclenchement des diodes de Zener) à quinze ampères (au déclenchement des éclateurs) pour un défaut à basse impédance. Finalement, les amplificateurs différentiels isolés terminent la protection en découplant la circuiterie de l'outil de mesure de celle du système d'acquisition).

IV.2.2 Système d'acquisition

Les données expérimentales sont enregistrées dans un ordinateur grâce à l'utilisation d'une carte d'acquisition. La discrétisation des mesures analogiques est cadencée automatiquement suivant les prises de vue d'une caméra haute vitesse utilisée pour enregistrer la vidéo de l'événement. La programmation de l'acquisition a été développée sous LabView (**Lab**oratory **V**irtual **I**nstrumentation **E**ngineering **W**orkbench).

Sachant que la fréquence du secteur est de 60 hertz, et qu'il faut échantillonner chaque cycle à deux fois la fréquence selon le théorème de Nyquist, la fréquence d'échantillonnage doit donc être d'au moins 120 hertz. Nous avons donc choisi un taux d'échantillonnage minimal de 1000 hertz pour reconstruire la sinusoïde.

La programmation de la carte débute par la mesure de la tension de sortie du circuit du diviseur de tension et de sa protection. En connaissant la tension aux bornes du transformateur, il est possible de calculer le facteur d'échelle propre à chaque mesure.

Tout au long de l'expérience, il est possible de visualiser l'évolution de la tension appliquée, du courant du transformateur et des potentiels mesurés sur le modèle simplifié.

IV.2.3 Fiabilité de l'outil de mesure

Compte tenu de la complexité de mesure d'un nombre élevé de potentiels à la surface de la glace, certaines craintes ont été soulevées quant à la fiabilité des résultats obtenus :

◊ Est-ce que les tiges des électrodes vont agir comme des antennes ?

◊ Est-ce que le système multimesures n'interagira pas avec l'arc électrique?

◊ Est-ce que la carte d'acquisition pourra discrétiser tous les signaux sans entraîner de déphasage entre les mesures ?

Sachant que les tiges des électrodes avaient une longueur de 2,54 cm, le moule triangulaire de la figure IV-1-b a été rempli d'une couche d'eau salée d'un centimètre d'épaisseur afin de valider dans un premier temps le système de multimesures haute tension. Les mesures ont été réalisées à température ambiante. La figure IV-7 présente les résultats obtenus avec ce premier essai de conformité.

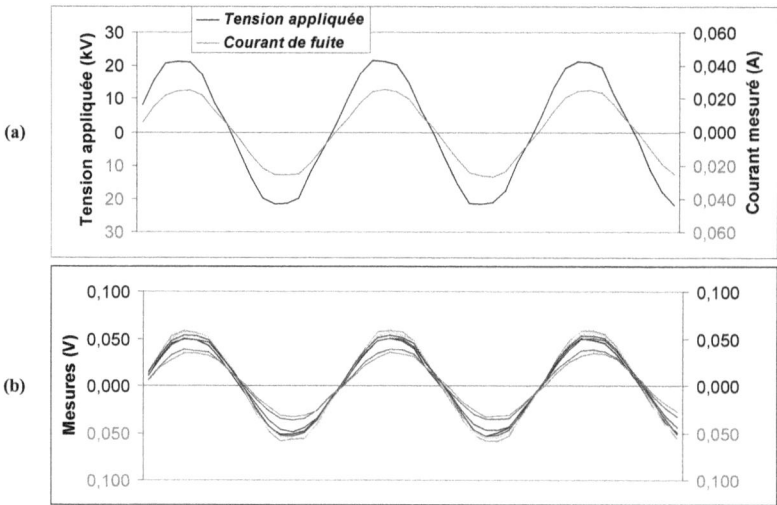

Figure IV-7 : Bac d'eau mis sous tension (4,41μS/cm à 21,7°C), modèle de la figure IV-b)
(a) Tension appliquée à l'échantillon d'eau ; (b) Potentiels mesurés aux électrodes du modèle simplifié

Les mesures étaient toutes en phase avec la tension d'alimentation, ce qui confirme que la carte d'acquisition discrétise correctement le signal d'entrée, sans entraîner de déphasage entre les mesures. De plus, on peut conclure que le système multimesures n'agissait pas comme des antennes dans ce cas.

Lors d'une autre expérience, un intervalle d'air de 2,5 cm a été créé au voisinage de l'électrode haute tension en installant une barrière à l'aide d'une plaque de cuivre sur le modèle simplifié de la figure IV-1-d. Cela a permis de vérifier si le système multimesures gardait le même comportement lorsqu'il y avait un arc électrique aux bornes d'intervalles d'air. La figure IV-8 présente les résultats obtenus sur 34 secondes avec un tel montage.

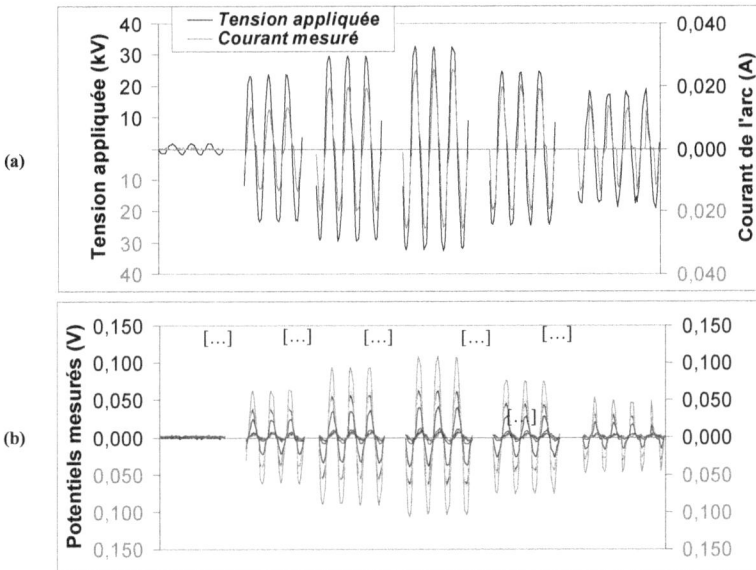

Figure IV-8 : Bac d'eau soumis à un arc électrique (2,08 µS/cm à 22,1°), modèle de la figure IV-d)
(a) Tension appliquée à l'échantillon d'eau ; (b) Potentiels mesurés aux électrodes du modèle simplifié

Encore une fois, les mesures sont en phase avec la tension d'alimentation, ce qui nous a assuré de la fiabilité du système multimesures dans sa globalité.

IV.3 Qualité métrologique et validation de l'outil de mesure

Dans le cadre de cette expérience, chaque voie de mesure a été mise sous tension, l'une après l'autre, alors que les autres voies n'étaient pas connectées. De cette façon, la voie connectée mesurait réellement la tension appliquée, alors que les autres mesuraient soit une tension résiduelle issue d'une chute de potentiel dans l'air, ou soit du bruit électrique ambiant. On trouvera à la figure IV-9 un exemple de mesures acquises pour l'étalonnement de la voie 1. On peut y distinguer trois facteurs d'échelle : celui de la voie énergisée ; celui de la voie voisine qui mesure un couplage capacitif ; et celui des autres voies qui ne mesurent que du bruit (il est à noter que le modèle simplifié n'était pas présent).

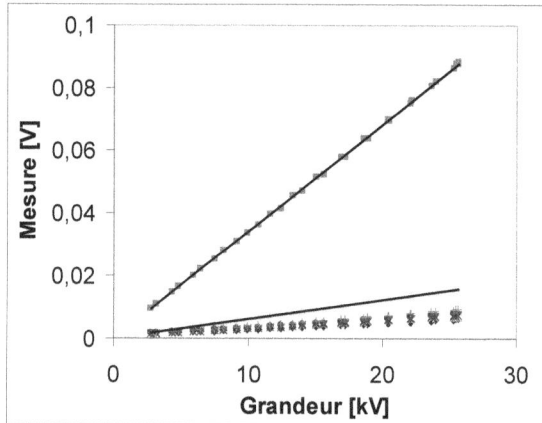

Figure IV-9 : Voie de mesure #1 mise sous tension

La sensibilité des voies de mesures est systématiquement constante. Pour les résultats de la figure IV-9, on retrouve :

◊ 3,45 mV/kV pour la voie énergisée,

◊   0,603 mV/kV pour la voie voisine,

◊   et environ 0,266 mV/kV pour les autres voies.

L'examen de la figure IV-10 montre que le système multimesures présente une excellente linéarité. Toutefois, la tension a été montée selon un taux de 1,3kV/s, et a été redescendue selon le même taux. Le but de la manœuvre était de vérifier s'il y a une hystérésis dans la mesure, hypothèse qui a été contredite. De plus, de nombreux essais expérimentaux ont montré la fiabilité du système.

On constate que les droites de régression passent par zéro (Figure IV-10) et présentent un coefficient de régression de 99,9%, certifiant ainsi de la fiabilité de l'outil de mesure.

IV.3.1 L'étalonnement

L'effet de grandeur le plus important pour cet instrument de mesure est le champ électrique issu des capacités mutuelles entre voies de mesure. Physiquement, tout a été fait pour limiter cet effet de grandeur, à savoir :

◊   l'ajout d'un blindage de type coaxial sur les câbles haute tension,

◊   l'ajout d'un grillage de garde entre les voies de mesure du banc de condensateur,

◊   l'ajout d'une pâte semi-conductrice sur les plaques des condensateurs.

L'étape suivante pour l'étalonnement était de prendre en compte les capacités mutuelles entre les différentes voies de mesure. Selon la figure IV-10, seules les voies directement voisines de celle mise sous tension devaient être considérées. Une matrice d'étalonnement tridiagonale (qui exprime la réponse du système multimesures) a été construite à cet effet (équation 4.1) à l'aide des équations des droites de régression de la figure IV-10. Il faut noter que le conditionnement de la matrice n'est que de 8,23.

$$
\begin{bmatrix}
A_{11} & A_{12} & 0 & \dots & 0 \\
A_{21} & A_{22} & A_{23} & \dots & 0 \\
0 & A_{32} & A_{33} & \dots & 0 \\
\dots & \dots & \dots & \dots & A_{78} \\
0 & 0 & 0 & A_{87} & A_{88}
\end{bmatrix}
\times
\begin{bmatrix}
v_1 \\
v_2 \\
v_3 \\
\dots \\
v_8
\end{bmatrix}
=
\begin{bmatrix}
V_1 \\
V_2 \\
V_3 \\
\dots \\
V_8
\end{bmatrix}
\tag{4.1}
$$

Afin d'être sûr que les mesures étaient correctes, le modèle triangulaire figure IV-d a été rempli d'une eau déminéralisée pour limiter l'intensité du courant afin de ne pas créer d'échauffement. Il a donc été possible d'y mesurer une distribution de potentiel stable suite à l'application de la tension entre les électrodes du modèle. Ces mêmes résultats de mesure ont ensuite été soumis à une comparaison avec les résultats issus d'une simulation numérique de la même expérience (Figure IV-10).

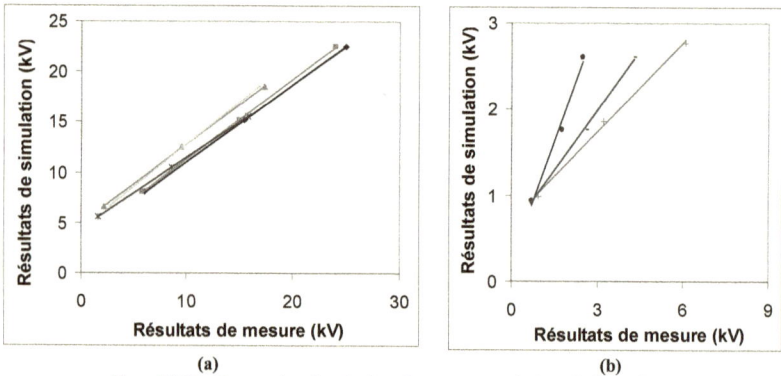

(a)　　　　　　　　　　　(b)

Figure IV-10 : Comparaison des résultats de mesure aux résultats de simulation

Quoique les résultats de mesure présentent une très bonne fidélité, leur précision n'était pas encore totalement établie. C'est pourquoi des courbes de correction ont été ajoutées pour compléter l'étalonnement de chaque voie de mesure.

IV.3.2 La résolution

La résolution est une notion de métrologie décrivant la plus petite variation de mesure perceptible. Elle est directement liée à l'erreur de mobilité. En d'autres mots, il s'agit du niveau de détection ou de signal, qui se distingue du bruit.

À cet effet, une mesure du bruit a été effectuée. La voie 1 du banc de condensateur a été connectée alors que les autres voies étaient déconnectées. Le système d'acquisition a été mis en lecture tout juste après que le transformateur ait été mis en marche, mais sans augmenter la tension. À cet instant, le contrôleur lisait 0,4 kV. La tension a été montée un peu, puis elle a été redescendue au minimum, soit à 0,4 kV. Enfin, le transformateur a été mis hors tension pour ne permettre de lire que le bruit électrique ambiant. Voici les résultats obtenus à la figure IV-11.

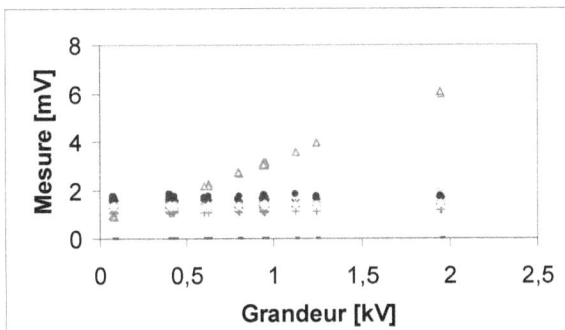

Figure IV-11 : Mesure du bruit électrique ambiant

Après analyse des données, le bruit ambiant moyen se limite à 1,43mV pour les voies de mesure hors connexion. En ne considérant que la voie connectée au transformateur dans ce cas-ci, la mesure du bruit ambiant se limite à 0,950 mV si le transformateur est hors tension. Selon l'étendue de mesure spécifiée plus haut, cela correspond à une variation de mobilité d'environ 1 à 2% selon la gamme de mesure étudiée.

IV.3.3 La précision

Après avoir ajouté les corrections trouvées à l'aide des droites de régression des figures IV-10-a et IV-10-b, l'erreur de justesse moyenne est de 1,3%. De plus, la moyenne quadratique des erreurs sur la justesse de mesure se situe à 5,6%. Sachant qu'une erreur de justesse de 5% est considérée acceptable en haute tension, le système multimesures présenté dans ce rapport possède donc une très bonne précision.

IV.4 Procédure expérimentale

Les expériences ont été réalisées dans une salle climatique, où il est possible d'appliquer la haute tension et de mesurer le courant de fuite. Plus d'explications sur les appareillages sont disponibles dans la thèse de [Meghnefi F.., 2007].

Les gabarits utilisés pour former l'intervalle d'air mesurent systématiquement 0,63, 1,27 et 2,54 cm (Figure IV-12). Ces gabarits sont formés dans un morceau de plexiglas. La procédure débute par la mise en place d'un gabarit.

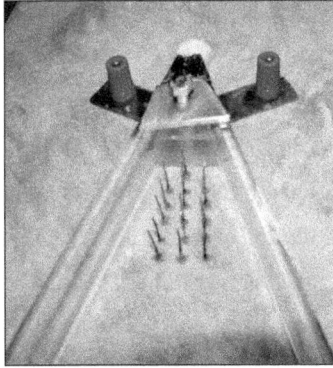

Figure IV-12 : L'intervalle d'air

La glace a été solidifiée selon un processus accéléré en utilisant un congélateur réglé à -60 °C. À la suite de plusieurs manipulations, l'uniformité de l'épaisseur de la glace a été assurée par l'ajout successif d'eau, formant plusieurs « sous-couches » de glace. La glace résultante était donc un matériau laminaire, dont les premières couches avaient une conductivité quasi nulle (0.7µS) sur une épaisseur d'un centimètre et demi, et les suivantes avaient la conductivité voulue (80, 150, 225 ou 300µS) sur 1 cm d'épaisseur.

Or, la glace laminaire produite selon un processus de solidification accéléré à -60°C ne possède pas les mêmes propriétés que le verglas naturel issu d'une accumulation sous tension [Petrenko V.F. et Whitwortk R.W., 1999] [Farzaneh M., 2008]. En effet, les gouttelettes d'eau surfondue, qui gèlent aléatoirement sous forme de verglas naturel, ont théoriquement un schéma d'ordonnancement plus désordonné puisqu'elles gèlent une à une sur un plan vertical, plutôt que sur une couche dans un plan horizontal [Zhang et al., 1995]. Pour reproduire en laboratoire une glace similaire à celle produite naturellement, plusieurs phases de formation sous tension sont nécessaires [Farzaneh M. et Melo, O.T., 1993] [Farzaneh M. et Drapeau J.F., 1995] [Farzaneh M. et Kiernicki J., 1995]

[Chisholm W.A. et al. 1996] [Farzaneh M. et Kiernicki J., 1997-1, 1997-2], tel que décrit au chapitre 2.

Toutefois selon [Zhang et al., 1995], cela ne devrait pas avoir d'impact sur les résultats expérimentaux puisque l'échantillon de glace a été entreposé dans un congélateur à -18 °C durant plusieurs heures pour faire redescendre et uniformiser la température de la glace. De plus, la possibilité de produire plusieurs couches de glace (maximum de quatre essais par jour) par le processus laminaire accéléré de formation constitue un avantage à l'avancement rapide des essais expérimentaux [Farzaneh et al., 1994].

Les échantillons de glace ont été retirés du congélateur au moment opportun pour leur installation dans la salle climatique, à une température ambiante de 2 °C. Afin d'obtenir un film d'eau épais, uniforme, et limité à la surface, une lampe incandescente a été installée à une distance de 3,5 m de l'échantillon.

La tension était augmentée linéairement à un taux de monté de 1300 V/s. Les trois premières secondes suivant l'établissement de l'arc partiel étaient enregistrées. Les données étaient enregistrées sur l'ordinateur tout au long de l'expérience, soit les 8 mesures de potentiel, la tension et le courant au transformateur. De plus, la caméra haute vitesse filmait l'événement et enregistrait la tension et le courant au transformateur grâce à ses entrées analogiques. Ainsi, il a été possible par la suite de comparer les données enregistrées aux images prises pour mieux analyser le tout après la modélisation et la simulation.

La caméra permet d'enregistrer à une cadence allant jusqu'à 12 000 images par seconde. Il faut cependant diminuer l'ouverture de l'objectif (la fenêtre) pour atteindre cette rapidité d'exécution. Un mode d'utilisation plus pratique est de 1000 images par seconde. De plus, le déclencheur d'archivage est configuré à la queue de l'enregistrement puisque le volume de sauvegarde possible se limite à la mémoire tampon. Donc, plus le taux d'acquisition est lent, plus longue sera la durée d'acquisition. Pour l'exemple de 1000 images par seconde, les dernières 3,275 secondes sont sauvegardées lors de la pression du bouton d'arrêt [Eastman Kodak, 1990].

CHAPITRE V
RÉSULTATS EXPÉRIMENTAUX

Contrairement aux expériences effectuées avec un bac d'eau, celles effectuées sur une couche de glace n'ont pas tout à fait la même reproductibilité. En effet, même si les conditions expérimentales sont identiques pour chaque expérience, il est primordial de discuter du caractère aléatoire des résultats obtenus. L'arc électrique ne prend pas systématiquement la même configuration (rayon du canal d'arc, forme du pied d'arc, trajectoire, etc.) sur une couche de glace. De plus, la glace ne fond pas systématiquement de la même manière devant les sources de chaleur (incluant celle de l'arc électrique). On observe néanmoins une certaine cohérence dans les résultats obtenus lors de chaque expérience. Pour des fins d'analyse, certains cas caractéristiques présentant une bonne répétitivité ont été sélectionnés.

On peut y voir les principaux points abordé dans ce chapitre suite à la lecture de la figure V-1 qui présente un aperçu général des résultats. La première section aborde la mesure de potentiel en période de prédécharge et de décharge. La mesure de potentiel en période de postdécharge en phase constitue le point suivant. Finalement, la mesure de potentiel en période de postdécharge en déphasage termine la présentation des mesures expérimentales. C'est dans cet ordre que les résultats sont présentés.

Il faut noter que les différents potentiels mesurés sur la glace (Vi) de la figure V-1, tout comme plusieurs autres figures du chapitre, ne sont pas lisibles, et c'est suffisant dans la mesure de ce que nous voulons analyser. Si l'aperçu général des courbes n'est plus suffisant à l'analyse de celles-ci, d'autres graphiques plus lisibles seront présentés.

La discussion débutera par l'analyse de l'énergie dissipée lors de la décharge et sa relation avec la capacité du système. Il est important de noter que seule la période où la glace répond à l'équation de Laplace sera analysée numériquement. À cet effet, la proposition d'un modèle de conduction surfacique et son influence sur les modèles de propagation de l'arc formeront les deux points suivants de la discussion. Par la suite, les impacts fondamentaux du déphasage du potentiel à la surface de la glace et leurs causes seront discutés. Finalement, le rôle des paramètres expérimentaux sur les expériences terminera la discussion.

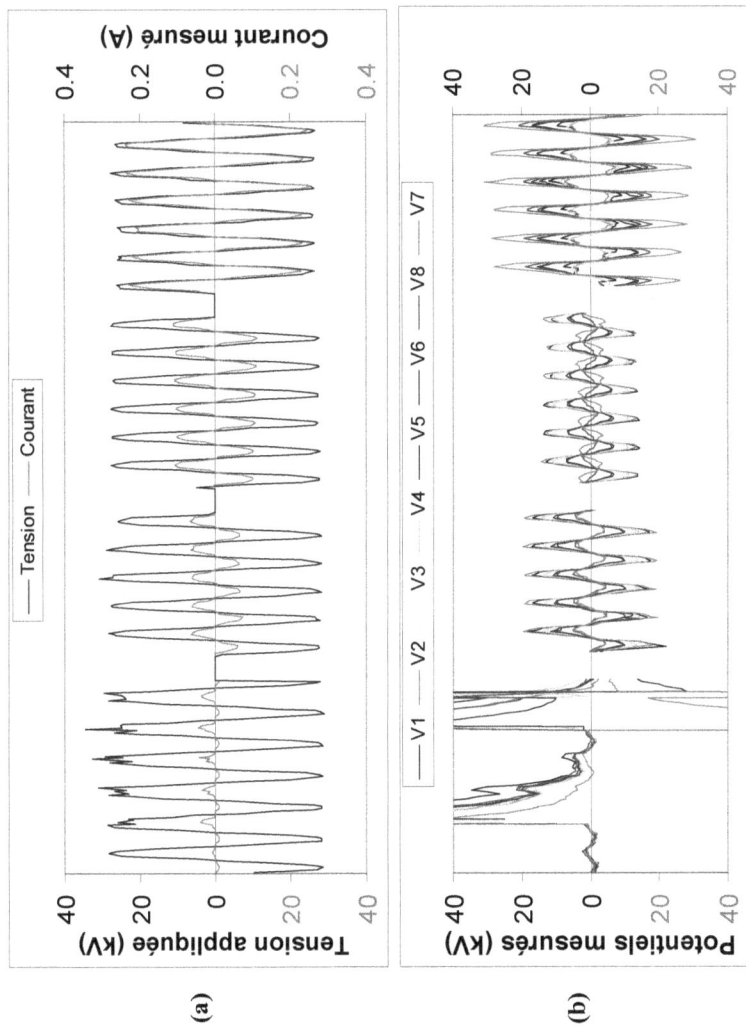

Figure V-1 : Présentation d'un aperçu général des résultats
(a) Tension appliquée et courant mesuré, (b) Potentiels mesurés sur la glace

V.1 Présentation des mesures et de leur interprétation

La figure V-2 présente un exemple de mesure de la distribution de potentiels à la surface de la glace, où il est possible d'observer les périodes de prédécharge, de décharge et de postdécharge. Cet essai a été réalisé avec l'échantillon de la figure IV-a où seuls les 8 connecteurs inférieurs ont été utilisés. L'eau de congélation avait une conductivité de 150 µS/cm et l'intervalle d'air choisi avait une longueur de 2,54 cm.

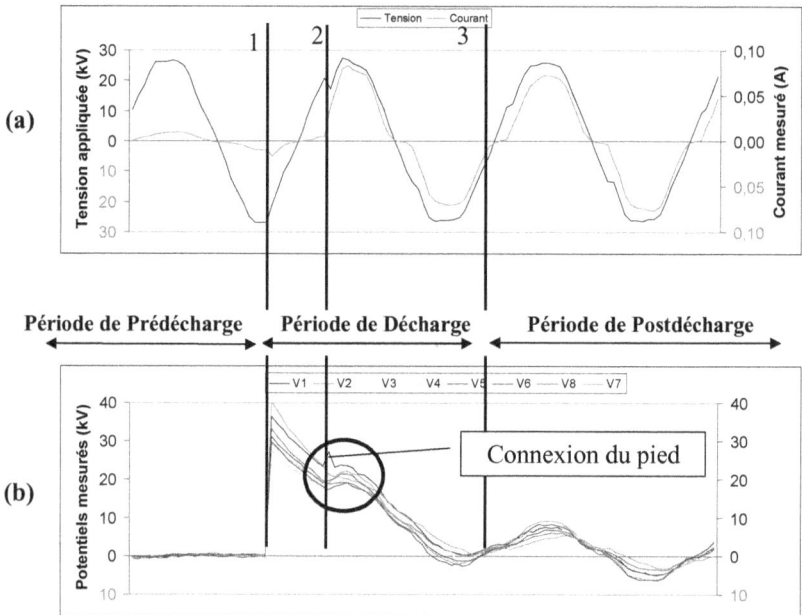

Figure V-2 : Établissement de l'arc
(a) Tension appliquée et courant mesuré, (b) Potentiels mesurés sur la glace

V.1.1   Mesure de potentiels en période de prédécharge

La période de prédécharge représente tous les développements avant la connexion du pied d'arc avec la surface de la glace. Cela comprend les décharges sombres de Townsend, les effluves (streamers de couronnes), etc. [Ndiaye I., 2007].

Que se passe-t-il sur la glace avant l'établissement de l'arc ? Comme il est prévisible de le penser, aucune mesure de potentiel n'est enregistrée, si ce n'est de la présence d'un bruit de font avant la décharge (Figure V-2-b). En revanche, le système est tout de même affecté par la présence du champ électrique ambiant généré par la tension appliquée (Figure V-3).

Le développement de la décharge entraîne la création de charges d'espace (Figure V-3), impliquant une ionisation plus accrue loin de l'électrode [Le Roy, 1984]. Celle-ci se traduit par une forte distorsion du champ électrique; le champ diminue entre l'anode et le nuage d'ions positifs et augmente entre le nuage d'ions positifs et la cathode [Meek J.M. et Graggs J.D., 1978].

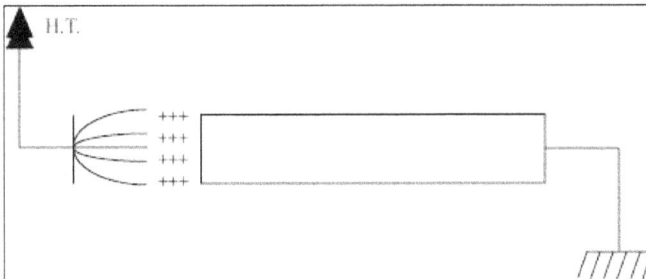

Figure V-3 : Développement de charges d'espace

V.1.2   Mesure de potentiels en période de décharge

La période de décharge englobe tous les mécanismes de connexion du pied d'arc à la surface de la glace. C'est à ce moment que les charges accumulées dans l'intervalle d'air s'évacuent via la surface de glace [Flazi S, 1987] [Ndiaye I., 2007]. Justement, une onde de choc présentant les caractéristiques temporelles 1,0/19.0 ms a été enregistrée (Figure V-2-b).

Lorsque l'arc amorce son processus de connexion à la glace, instant indiqué par le marqueur vertical 1 de la figure V-2-b, une certaine quantité de charges d'espace est déposée sur la glace, d'où l'augmentation subite de la tension. Les charges ainsi déposées sont transportées vers la masse. Il s'agit donc la première partie de la phase de décharge, période où les charges d'espace accumulées durant le processus d'ionisation sont évacuées subitement.

Selon le marqueur vertical 2 de la figure V-2-a, une augmentation subite de l'intensité du courant est notable environ 5,5 secondes après le début du processus de connexion du pied d'arc à la glace (marqueur vertical 1 de la figure V-2). C'est à ce moment qu'il y a connexion du pied d'arc. Cependant, sa présence ne contribue à l'augmentation du potentiel mesuré qu'à un taux environnant 15% (voir le cercle de la figure V-2-b). Après quoi, la décharge continue son processus indifféremment de la tension appliquée ou du courant. On peut donc conclure que les charges d'espace jouent un rôle actif sur la distribution de potentiels à la surface de la glace durant la période de décharge.

Pour finir, les décharges ne sont pas nécessairement positives. En effet, la figure V-4 présente un cas ou les décharges sont négatives. Qui plus est, la figure V-5 présente un cas où plusieurs décharges apparaissent dont certaines sont négatives tandis que d'autres sont positives. Enfin, ces ondes de choc accusent une faible reproductibilité dans leur caractéristique temporelle.

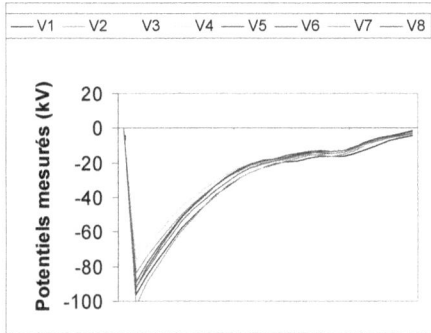

Figure V-4 : Décharge négative

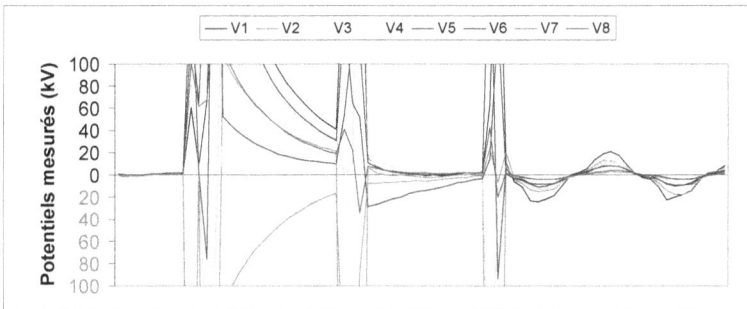

Figure V-5 : Présence de plusieurs décharges positives et négatives

V.1.3   Mesure de potentiels en période de postdécharge

Une fois les charges accumulées évacuées, les courbes de potentiels mesurés à la surface de la glace prennent une forme sinusoïdale. La période de postdécharge définit l'ensemble des phénomènes subséquents à la connexion du pied d'arc à la surface de la glace. Les potentiels mesurés sont parfaitement en phase avec la tension et le courant d'alimentation dans un premier temps. À ce moment, le système est semble régir selon l'équation de Laplace (Figure V-2). L'équation de Laplace a été discutée et nommée forme forte au chapitre 3. Plus de détails sur ce résultat seront présentés dans la discussion.

V.1.4 Mesure de potentiels déphasés en période de postdécharge

Tout juste après la connexion du pied d'arc à la surface de la glace, les premiers cycles de mesure des potentiels et du courant de fuite sont en phase avec la tension appliquée.

Cependant, même si la tension appliquée et le courant de fuite sont toujours en phase au cours de l'expérience, un déphasage est observé entre la tension appliquée et les potentiels mesurés à la surface de la glace. En effet, une eau de congélation ayant une conductivité de 225 µS/cm, et intervalle d'air de 2,54 cm, a permis de prendre les mesures présenté à la figure V-6, où la température ambiante était de 2,3 °C.

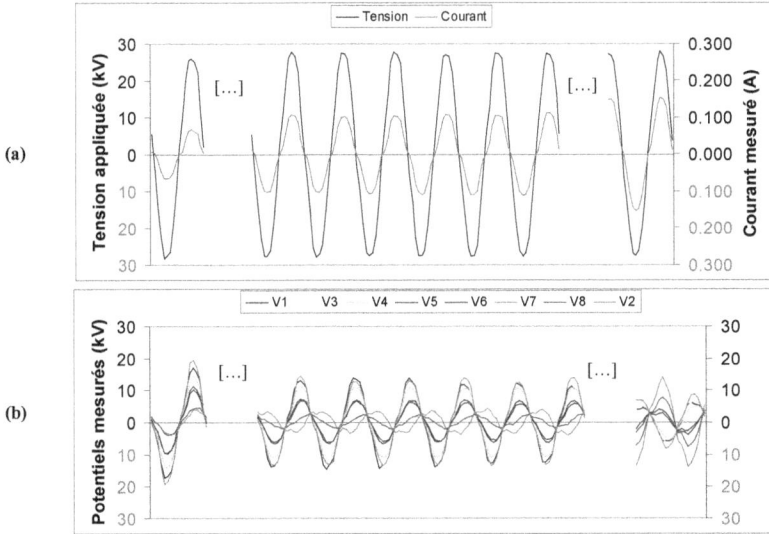

Figure V-6 : Déphasage progressif des potentiels mesurés
(a) Tension appliquée et courant mesuré, (b) Potentiels mesurés sur la glace

Ce qui est encore plus intéressant d'observer, c'est que le déphasage débute systématiquement par les mesures de potentiels situés plus près de l'électrode de masse. Avec le temps, les mesures plus près du pied d'arc finissent par rattraper les autres, plus éloignées (Figure V-7). Il faut noter que le temps pris pour que le processus devienne en déphasage complet avec l'alimentation varie fortement d'un essai à l'autre. Aucune relation n'a été remarquée entre le temps de déphasage et la conductivité de l'eau de congélation.

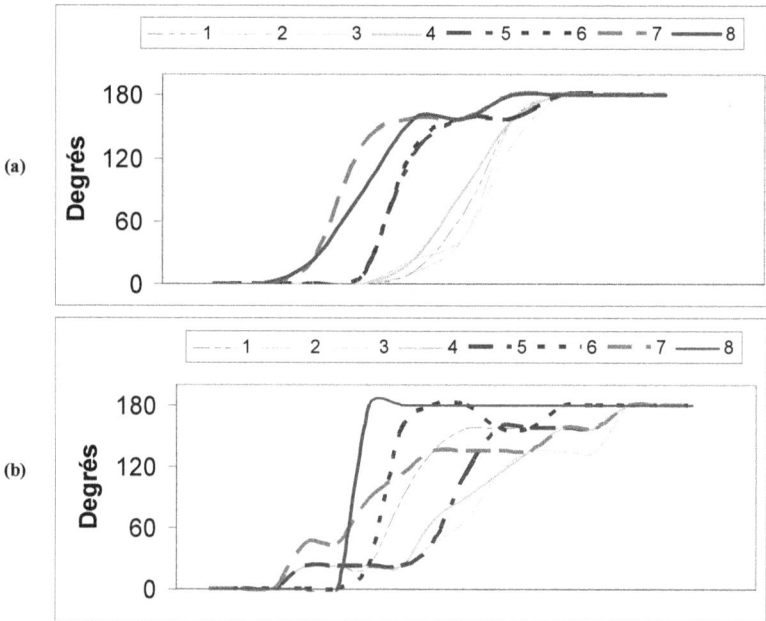

Figure V-7 : Déphasage des mesures
a) Essai à 150 µS, b) Essai à 225 µS

V.1.5 Rôle de la conductivité de l'eau sur les mesures

La conductivité de l'eau de congélation joue aussi un rôle important dans la compréhension du phénomène. À une valeur de 80 µS/cm, il était difficile de produire un arc partiel. En effet, l'événement correspondait plus à un train de décharge à la pulsation du secteur qu'à un plasma stable. Par ailleurs, avec des valeurs de 150, 225 et 300µS/cm, on obtient de bons résultats et des arcs partiels bien définis, bien qu'à une conductivité de 300 µS/cm, l'arc a plutôt tendance à se propager sur la glace jusqu'au contournement électrique complet.

Le réamorçage de l'arc entraîne un déplacement de la localisation du pied de l'arc. La mesure de potentiel n'est pas une sinusoïde proprement dite. Une non-linéarité doit être prise en compte. La figure V-8 présente un cas de propagation avec conductivité de 300µS/cm, où les mesures sont déphasées de 180°.

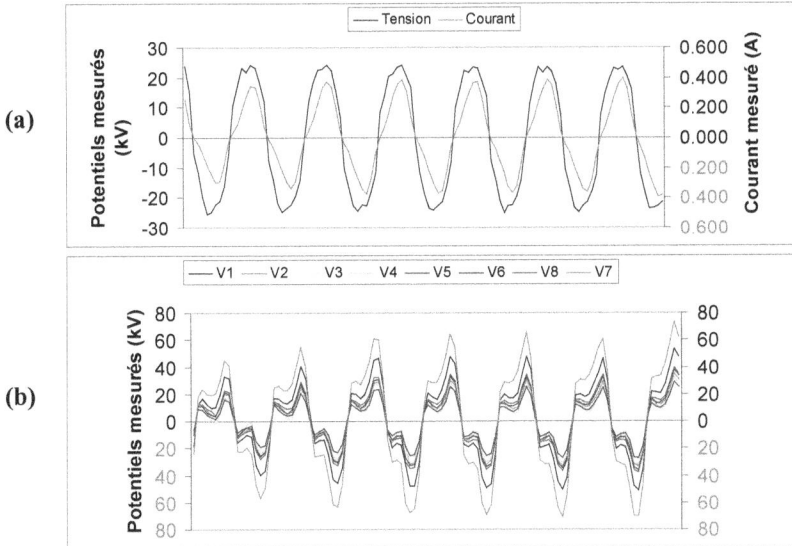

Figure V-8 : Non linéarité supplémentaire suite au déplacement oscillant de l'arc
a) Tension appliquée et courant mesuré b) Potentiels mesurés

V.2 Discussion des résultats

Rappelons que l'objectif de recherche de cette maîtrise était l'observation de résultats expérimentaux dans le but de dégager de nouveaux paramètres de réflexion. Ce qui suit est donc le fruit d'un raisonnement sur ces nouveaux paramètres de réflexion en vue de les interpréter.

V.2.1 Proposition d'un modèle type de conduction surfacique

Une fois les charges d'espace évacuées, le système réagit selon l'équation de Laplace. En utilisant les mêmes paramètres que ceux utilisés lors de l'expérience présentée à la figure V-2, une simulation par éléments finis a été réalisée sur cette période afin de proposer un modèle numérique de conduction surfacique. Les conditions initiales (rayon du pied d'arc et tension au pied d'arc) données par les équations 2.28 et 2.29 ont été préliminairement calculées selon un courant de fuite de 71,0ma qui correspond à un instant précis d'enregistrement après l'établissement de l'arc.

Ainsi, la conductivité surfacique moyenne de l'échantillon de glace a été calculée numériquement par éléments finis grâce à l'équation 3.55. Les résultats numériques donnent une conductivité surfacique moyenne inférieure à celle calculée par la formule empirique de l'équation 2.6.

Sachant que l'emplacement du pied d'arc a été choisi suite au visionnement d'un enregistrement vidéo de l'expérience en question, d'autres localisations du pied d'arc ont été modélisées (Figure V-8). Cette opération a été effectuée afin d'évaluer l'influence de l'emplacement du pied d'arc sur les résultats obtenus présentée à la figure V-2. Ainsi, pour chacun des cas (a-b-c-d de la figure V-9), les conductivités surfaciques obtenues par l'équation 3.55 sont respectivement 9,67, 9,75, 9,02 et 9,01µS au lieu des 12,5µS déterminés à partir de l'équation 2.6, ce qui représente une erreur moyenne de 33%.

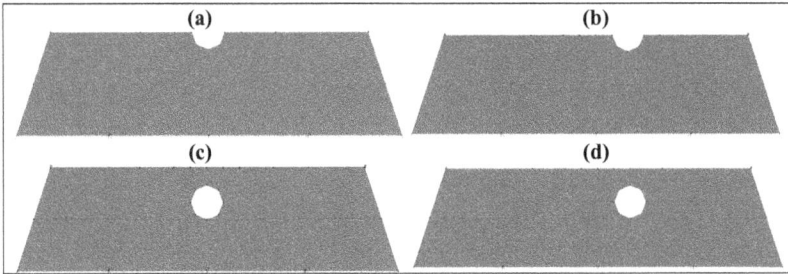

Figure V-9 : Localisation du pied d'arc
a) Pied d'arc au centre et en haut, b) Pied d'arc déplacé de deux rayons d'arc vers la droite, c) Pied d'arc déplacé de deux rayons d'arc vers le bas, d) Pied d'arc déplacé de deux rayons d'arc vers le bas et vers la droite.

Également, la simulation par éléments finis présente des valeurs de potentiel 30% plus grandes que celles obtenues expérimentalement aux points de mesure. Cette différence importante entre les résultats numériques et expérimentaux peut être expliquée par le fait que la conductivité surfacique n'est pas uniforme le long du dépôt de glace.

En partant de l'hypothèse que la conductivité surfacique n'est géométriquement pas uniforme le long du dépôt de glace en présence d'un arc électrique, la répartition surfacique de cette dernière a été déterminée. Pour ce faire, plusieurs simulations ont été réalisées par essais et erreurs jusqu'à ce que la répartition du potentiel déterminé numériquement soit sensiblement la même que celle obtenue expérimentalement (avec une erreur moyenne de 2,9%, et une erreur maximale de 8,6%). De plus, les simulations avec la nouvelle répartition de conductivité surfacique doivent aussi obtenir le même courant que celui enregistré expérimentalement pour qu'elles soient acceptées comme solution (en plus de correspondre aux lectures de potentiels). La répartition de la conductivité surfacique ainsi retenue est présentée à la figure V-10.

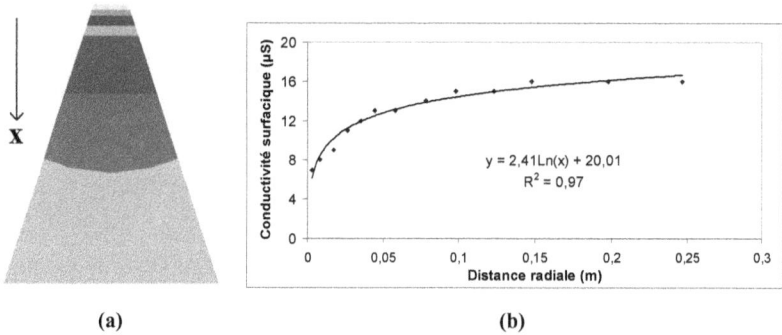

(a)   (b)

Figure V-10 : Répartition de la conductivité surfacique
a) Répartition de la conductivité sur le modèle numérique, b) Courbe type de répartition de la conductivité

La figure V-10 présente la répartition de la conductivité surfacique pour un autre échantillon de glace, avec un intervalle d'air de 2,54 cm, où la température ambiante était de 2,3 °C. La conductivité volumique de l'eau de congélation était de 225 µS/cm, ce qui correspond à une conductivité surfacique de 17,6 µS, d'après l'équation 2.6. La différence entre l'exemple de la figure V-10 et celui de la figure V-11 réside dans le fait de la présence de plusieurs décharges avant établissement de l'arc électrique (Figure V-5). Conséquemment, le film d'eau en haut de l'échantillon de glace a fondu, ce qui semble provoquer une augmentation de l'épaisseur du film d'eau près du pied d'arc. La répartition de la conductivité pour l'exemple de la figure V-11 accuse une erreur de justesse de 5.3%.

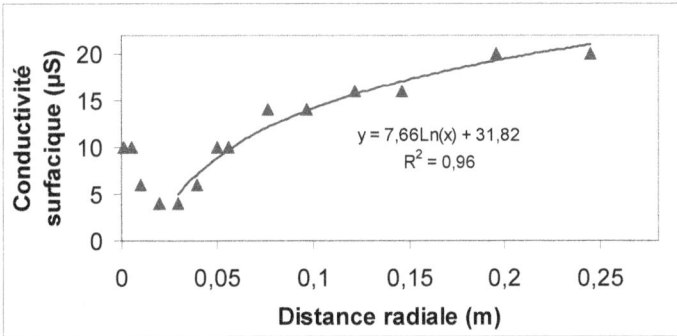

Figure V-11 : Répartition de la conductivité surfacique d'un autre échantillon

La figure V-12 présente la comparaison de la distribution du potentiel à la surface de la glace obtenue pour une répartition uniforme de la conductivité surfacique (Figure V-12-a) et pour la répartition non uniforme de la conductivité surfacique (Figure V-12-b).

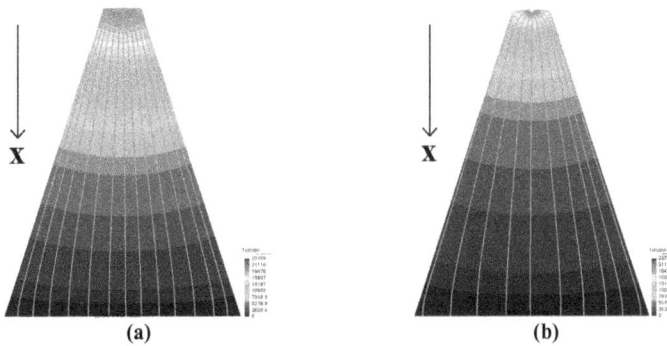

(a)   (b)

Figure V-12 : Lignes de champs et équipotentiels
(a) conductivité surfacique uniforme et (b) conductivité surfacique répartie

Quoique les lignes de champ sont les mêmes dans un cas comme dans l'autre (Figures V-12-a et V-12-b), la distribution de potentiels est notablement différente (Figures V-12 et V-13). En effet, en suivant la ligne de champ centrale, le potentiel diminue sa valeur plus rapidement près du pied d'arc dans le cas d'une répartission de la conductivité surfacique. Conséquemment, le champ électrique est considérablement élevé près du pied d'arc dans un premier temps pour s'affaiblir par la suite dans le cas d'une répartition de la conductivité surfacique.

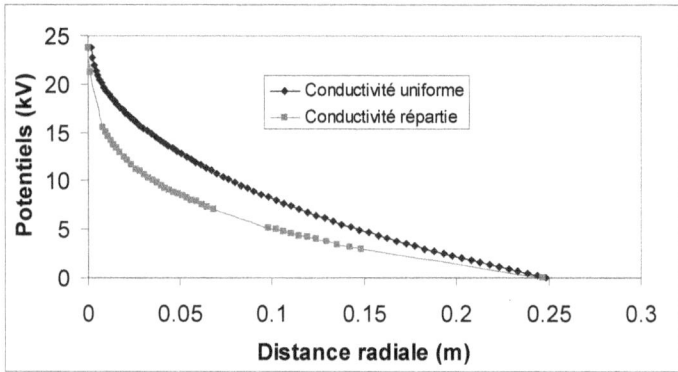

Figure V-13 : Comparaison des distributions de potentiels

De plus, même si la conductivité n'est pas uniforme le long de la couche de glace, la répartition de celle-ci a un effet négligeable sur l'intensité de la densité de courant (Figure V-14), ce qui est logique puisque $J = -\gamma \nabla E$. La diminution de la conductivité surfacique compense pour l'augmentation du champ électrique, et inversement.

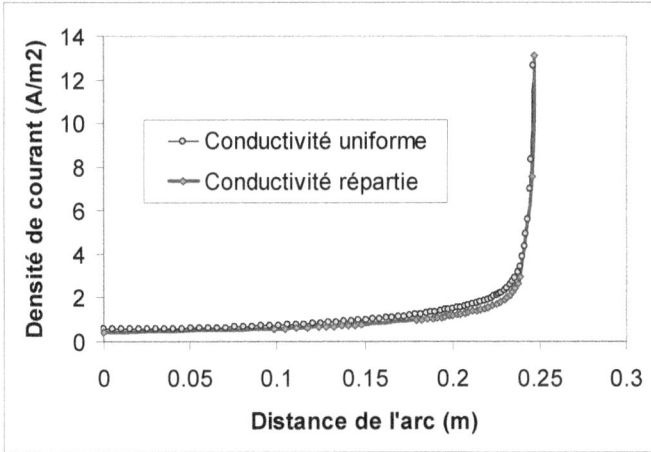

Figure V-14 : Comparaison des distributions de densités de courant

V.2.2 Validation des critères de propagation d'arc et de contournement

La conductivité surfacique moyenne pour l'exemple de la figure V-9 est de 9,82 µS ± 2,9%. Sachant que la répartition de celle-ci entraine une distribution de potentiel différente, la connaissance de la conductivité surfacique moyenne à elle seule ne sert pas vraiment pour ce qui a trait au fondement des critères de propagation d'arc.

En revanche, connaître le champ électrique moyen est plus intéressant. En effet, le champ moyen le long de la couche de glace reste le même peu importe si la conductivité le long de l'échantillon de glace est répartie ou uniforme. Selon l'équation 2.9 [Hampton B.F., 1964], le contournement électrique se produit lorsque le champ électrique dans l'arc (trouvé par l'équation 2.29) est inférieur à celui de la couche conductrice (ci-après nommé champ moyen). Or, pour l'expérience de la figure V-2, c'est exactement le cas : le champ moyen dans l'arc est inférieur au champ moyen sur la couche de glace (Figure V-15).

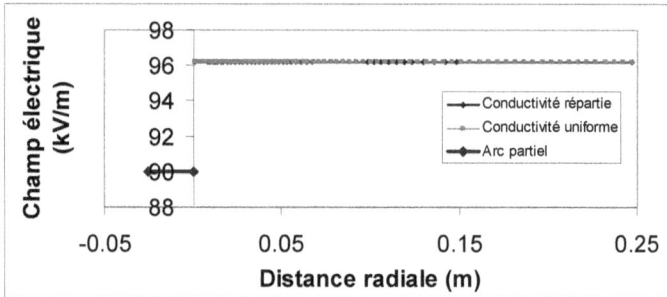

Figure V-15 : Comparaison des champs électriques moyens

Pour le cas analysé, le courant a continuellement augmenté linéairement. L'arc a besoin de plus d'énergie pour garder le gaz ionisé en s'allongeant [Hesketh S., 1967]. L'arc a fini par contourner l'échantillon de glace, ce qui confirme [Dhahbi-Megriche N., et al., 1997] établissant que le critère de [Hampton B.F., 1964] est un critère de contournement. À ce moment, un courant de 500 mA a été enregistré. Et comme la tension a été maintenue à une valeur fixe, l'équation 2.11 du critère de [Wilkins R. et Al-Baghdadi A.A.J., 1971] est elle aussi validée.

Finalement, le critère de [Wilkins R et Al-Baghdadi A. A. J., 1971] est aussi vérifié en comparant les champs électriques le long de l'échantillon. En effet, le critère de [Wilkins R. et Al-Baghdadi A.A.J., 1971] stipule que l'allongement de l'arc n'est possible que par l'ionisation et la formation de racines successives à son pied. Or, selon les résultats numériques de la simulation présentée à la figure V-13, le champ électrique au pied de l'arc est supérieur au champ dans l'arc (Figure V-16). L'allongement de l'arc est donc inévitable conséquemment au fait que l'espace d'air parallèle à l'échantillon de glace, tout juste en aval du pied d'arc, est soumis à un champ électrique au-delà de son champ disruptif. Ainsi, de nouveaux chemins d'ionisation sont créés au bout du canal.

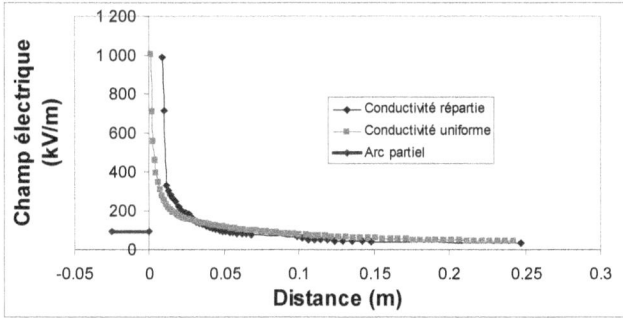

Figure V-16 : Comparaison des distributions de champ électrique

V.2.3   Discussion théorique et abstraite sur le déphasage

Pour tester la tenue diélectrique d'un câble coaxial, le champ disruptif est souvent obtenu en ajoutant une bobine d'inductance variable en série avec le câble à tester (figure V-17).

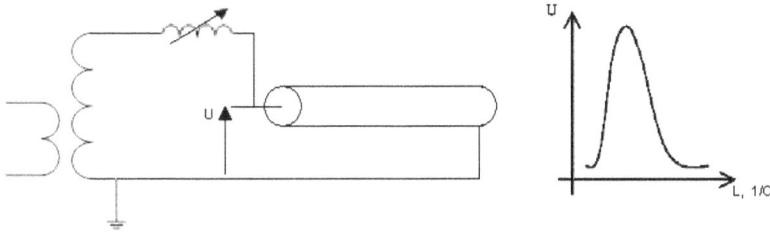

Figure V-17 : Comparaison résonnance

Tout dépendamment de la capacité du câble, l'inductance est réglée pour que les deux éléments soient à la même valeur d'impédance.   La tension de sortie est alors en complète discordance de phase sur la tension d'alimentation en plus d'avoir une amplitude supérieure à cette dernière.

Selon la figure V-7, le déphasage du potentiel sur la glace par rapport à l'alimentation progresse jusqu'à un maximum de 180°. C'est comme si le système — arc électrique en série avec une glace laminaire sévèrement fondue — est comparable au circuit de résonnance pour les essais haute tension en courant alternatif. Cela laisse croire que la capacité de la glace change durant le processus à un tel point qu'il entre en résonance avec l'arc électrique. Les lignes qui suivent montreront par l'absurde pourquoi il est purement spéculatif d'en croire ainsi.

Démonstration par l'absurde que l'échantillon de glace ne peut entrer en résonance avec l'arc électrique

Rappelons que lors du processus accéléré de formation de la glace, une succession de couches d'eau sont gelées les unes par-dessus les autres. Cette technique permet, à l'aide d'un congélateur descendant à -60 °C, de former rapidement une glace uniforme. Ce processus laminaire permet la production de beaucoup d'essais en peu de temps. Par contre, cette glace n'est pas du verglas, constat observable en comparant la glace avant et après la mise sous tension (Figure VI-18). La glace se modifie en strates, créant une quantité incalculable de vacuoles lors de son délaminage, qui pourraient être capables d'accumuler des charges.

(a)   (b)

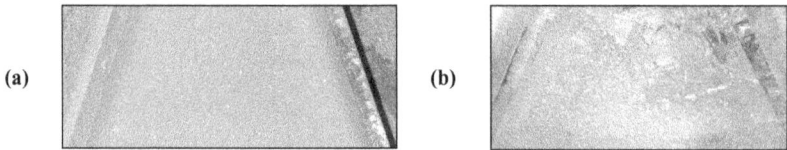

Figure V-18 : Glace a) avant la mise sou tension b) après le passage de l'arc

De plus et aux meilleurs de nos connaissances, aucune étude n'a réellement mesuré l'inductance de l'arc en série avec la glace. En prenant comme référence les recherches théoriques de [Fofana I. et Béroual A., 1997], la comparaison des éléments réactifs du circuit équivalent est intéressante. Pour commencer, en comparant le canal d'arc à un fil métallique, l'arc détiendrait théoriquement une inductance intrinsèque qui est la suivante :

$$L_{arc} = \frac{\mu_0}{2\pi}\left[0.25 + \ln\left(\frac{D_f}{r}\right)\right] \tag{5.1}$$

Où

L_{arc} Inductance de l'arc

μ_0 Perméabilité magnétique (1,2566 . 10^-6)

D_f Distance après laquelle le champ magnétique extérieur au canal est considéré nul

r Rayon moyen du canal d'arc

En prenant un rayon d'arc de 2mm pour une distance (D_f) de 100m [Fofana I. et Béroual A., 1997], l'inductance s'évalue à 2,21 µH. Et comme la résonance s'observe selon un fondamental situé à la fréquence du secteur (60 hertz), la capacité équivalente du modèle en entier liée à l'inductance théorique se déduit aisément à 3,18 Farads. C'est comme si l'échantillon de glace emmagasinait plus d'énergie que toute la terre. C'est impossible.

Il est difficile d'expliquer la provenance du déphasage avec précision et certitude dans l'état actuel des connaissances. Cependant, il est indéniable que cette constatation dégage de nouvelles pistes de recherche sur les éléments réactifs du système – arc partiel en série avec une glace laminaire sévèrement fondue —. Il est tout de même possible de conclure que le circuit équivalent de l'arc et de la glace en série se modifie avec le temps suite à l'ionisation de l'air et la fonte de la glace.

Nous aurions voulu vérifier s'il y a un lien entre le déphasage et la propagation de l'arc sur la glace. Est-ce que l'un entraîne l'autre? Malheureusement, la mémoire tampon de la caméra n'emmagasine pas assez de données. Il n'a donc pas été possible de visualiser l'expérience dans sa globalité (la période de prédécharge, la période de décharge, la période de postdécharge et la période de postdécharge lors du déphasage).

CHAPITRE VI

CONCLUSION

L'objet de ce projet de maîtrise portait sur l'analyse des phénomènes électriques à la surface d'une couche de glace plane verticale en présence d'un arc électrique partiel. Les résultats expérimentaux ne sont donc pas applicables aux isolateurs horizontaux. De plus, l'électrode haute tension se situait à l'extrémité supérieure de la plaque de glace. Les résultats ne sont donc applicables que pour les cas où l'arc se propage du haut vers le bas sur un échantillon de glace.

VI.1 Outil d'analyse numérique

Le développement d'un outil d'analyse numérique a été essentiel à l'interprétation des résultats expérimentaux. Suite au développement des équations de Maxwell, la forme forte obtenue dans ce cas est $\nabla^2 V = \rho/\varepsilon$. Or, la densité de charge volumique a été supposée nulle en regard des points soulevés par la revue de littérature (voir chapitre 2, propriété électrique de la glace). Dans ces conditions, le film d'eau peut être modélisé par une surface conductrice.

Il suffit alors de résoudre l'équation de Laplace dans un modèle de conduction bidimensionnel pour ainsi obtenir une cartographie de la tension. Qui plus est, une procédure servant au calcul de la densité de courant, au calcul du courant de fuite (pour des fins de comparaison), et d'identification inverse de la conductivité surfacique moyenne a été développée.

Quant à l'arc électrique, il a été paramétré par son pied d'arc en contact avec le film d'eau. Le potentiel imposé au pied d'arc et la dimension de ce dernier ont été déterminés à partir des équations 2.28 et 2.29 [Farzaneh M., 2000] [Farzaneh M., 2008] [Farzaneh M. et Chisholm W.A., 2009].

VI.2 Système multimesures

L'instrument de mesure conçu et la protection de l'interfaçage de l'ordinateur répondent aux exigences de nos besoins en prenant en compte le couplage capacitif existant entre chaque voie de mesure. En effet, une comparaison entre les résultats expérimentaux (le moule triangulaire rempli d'un centimètre d'eau de conductivité connue et soumise à une tension ou à un arc électrique) et une simulation par éléments finis de ces mêmes expériences, montre la précision du système multimesures.

De plus, une procédure d'identification inverse, développée à même le code par éléments finis, a été utilisée pour calculer la conductivité surfacique moyenne du modèle. Cette dernière accuse une erreur de 0.9% selon nos expériences. Bref, la qualité métrologique du système multimesures de haute tension est vérifiée après étalonnement selon les critères suivants :

◊ Par sa fidélité et sa linéarité : aucune des courbes n'accusent de dérive du zéro ou d'hystérésis, même si le banc de mesure a été soumis à plusieurs mises sous tension dans le passé.

◊ Bien qu'un fort couplage capacitif soit présent entre les voies de mesures, il a pu être pris en compte tant dans la conception du système multimesures, que dans son étalonnement.

◊ Grâce à des courbes de correction ajoutées, l'erreur de justesse du système multimesures n'est que de 1,3% par voie de mesure.

VI.1 Résultats expérimentaux

Des couches de glace formées selon un processus accéléré ont été soumises à des essais sous tension pour mesurer la distribution de potentiel à leur surface. À la lumière des résultats obtenus, on peut conclure que la majorité des phénomènes électrique est invisible au point de mesure du transformateur.

VI.2.1 Établissement de l'arc

Aucune mesure de potentiel ni de courant n'est enregistrée lors de la période de prédécharge, si ce n'est qu'un bruit électrique. En revanche, il est possible de mesurer une décharge électrique (Figure V-2) quelques secondes avant qu'une augmentation de l'intensité du courant ne soit enregistrée. Après une légère augmentation du potentiel mesuré suite à la connexion du pied d'arc, la décharge continue à évacuer ses charges d'espace sans que la tension appliquée exerce une force assez grande pour qu'une tension sinusoïdale soit induite sur la glace (Figure V-2). L'hypothèse initiale dans l'élaboration de l'outil numérique stipulant que les charges accumulées soient négligeables est alors partiellement infirmée pour les échantillons de glace étudiée.

VI.2.2 Cartographie de la densité de courant

Une fois les charges d'espace évacuées, le courant et les potentiels mesurés sont en phase avec la tension appliquée, c'est-à-dire que l'échantillon de glace semble répondre à l'équation de Laplace. Cependant, les résultats expérimentaux différaient de 30% à ceux obtenus numériquement si une surface modélisée avait une conductivité surfacique uniforme. En distribuant de la conductivité surfacique le long du modèle numérique, les résultats expérimentaux ont été validés. Des courbes de type logarithmique ont été établies quant à la répartition de la conductivité surfacique le long de l'échantillon de glace.

La plus grande partie de la tension appliquée est ainsi répartie sur les premiers centimètres de glace (près de l'électrode haute tension). Ce changement de la distribution de potentiel à la surface de la glace n'affecte pas la distribution de la densité de courant surfacique.

VI.2.3 Validation des critères de propagation et de contournement

Les critères de [Hampton B.F., 1964], [Hesketh S., 1967], [Wilkins R et Al-Baghdadi A.A.J., 1971] et [Dhahbi-Megriche N. et al., 1997] ont été validés. Effectivement, dans le contexte d'interface air-glace, le champ électrique en aval du pied de l'arc était supérieur au champ disruptif de l'air et au champ moyen (Figure V-15 et V-16). À cet égard, de nouveaux chemins d'ionisation ont été créés à l'extrémité du canal. De plus, le courant mesuré a augmenté linéairement suivant la propagation de l'arc. En somme, le contournement électrique a été inévitable du fait que le champ électrique moyen dans l'arc est inférieur à celui de l'échantillon [Hampton B.F., 1964] [Dhahbi-Megriche N., 1997] (Figure V-15).

VI.2.4 Déphasage des mesures sur la tension appliquée

Un déphasage entre les mesures de potentiel et l'alimentation a été observé. Le temps pris pour que le déphasage atteigne 180° varie fortement d'un essai à l'autre. L'apparition du déphasage débute systématiquement par les mesures situées du côté de l'électrode de masse. Les mesures situées plus près du pied d'arc (côté haute tension) sont les dernières à se déphaser.

Il est difficile d'expliquer la provenance du déphasage du potentiel mesuré sur la tension appliquée avec précision et certitude dans l'état actuel des connaissances. Même s'il a été impossible de vérifier l'existence d'une relation entre le déphasage et la propagation de l'arc sur la glace, le fait de savoir qu'il y a un déphasage apportera une nouvelle base de réflexion scientifique sur les modèles de propagation d'arc électrique.

VI.3 Recommandations

VI.3.1 Autres types de glace

Il a été conclu qu'il fallait modéliser une répartition logarithmique de la conductivité surfacique le long de l'échantillon de glace pour se conformer aux données expérimentales. Afin que certains nouveaux paramètres soient dégagés, il serait judicieux de reprendre l'expérience avec deux conductivités : la conductivité de la section d'en haut serait supérieure à celle de la section d'en bas par exemple. De cette manière, il serait possible de vérifier comment la migration des contaminants affecte la conductivité de l'échantillon.

De plus, on sait que les propriétés électriques de la glace atmosphérique sont différentes de celles de la glace ordinaire. Étant donné que la glace étudiée a été formée selon un processus de formation laminaire accéléré à -60°C, et que certains résultats n'ont jamais été observés dans les recherches antérieures sur le sur le sujet, une étude pourrait être menée reprenant l'expérience avec une glace issue de conditions verglaçantes et/ou givrantes.

VI.3.2 Déduction de la répartition de la conductivité surfacique

Les courbes logarithmiques de la répartition de la conductivité surfacique présentées dans les figures V-10 et V-11 ont été déduites par essais et erreurs jusqu'à l'obtention d'une solution optimale. Il n'a pas été possible de prévoir l'allure de la courbe avant de débuter l'étude.

Il est tout de même intéressant d'implémenter une procédure de calcul de la répartition de la conductivité surfacique, utilisant la méthode des moindres carrés (équation 6.1)

$$J(a,b) = \sum \left\{ y_i - a\ln(x_i) + b \right\}^2 = \sum r_i^2(a,b) \qquad \textbf{(6.1)}$$

Où y_i :   est le potentiel à un point de mesure   **(V)**

x_i :   est la distance de l'arc au point de mesure   **(m)**

r_i^2 :   Résidu   **(V)**

Où la résolution minimiserait le résidu r_i par une méthode d'optimisation de sorte à ce que les équations 6.2 et 6.3 soient satisfaites.

$$\frac{\partial J}{\partial a} = 0 \qquad \textbf{(6.2)}$$

$$\frac{\partial J}{\partial b} = 0 \qquad \textbf{(6.3)}$$

VI.3.3 Cartographie de la densité de courant

Il serait intéressant d'utiliser un rectangle de glace, et d'amorcer l'arc avec une configuration tige-plan. Cela donnera l'occasion d'étudier beaucoup de localisations du pied d'arc dans l'espace. Il sera alors possible de produire des simulations pour mieux quantifier la densité de courant. De plus, l'analyse de la résistance résiduelle réelle serait facilitée en solutionnant la répartition de la conductivité surfacique par la méthode des moindres carrés.

Compte tenu que tous les résultats de ce mémoire ont été produits avec l'électrode de la haute tension vers le haut, il serait judicieux aussi de comparer les essais avec une glace retournée, i.e. que le sommet principal au triangle isocèle de glace pointerait vers le bas.

VI.3.4 Propagation de l'arc

Nous aurions aimé voir s'il existe un lien entre le déphasage et la propagation de l'arc. Malheureusement, cette hypothèse n'a pas pu être vérifiée faute d'une mémoire tampon assez grande sur la caméra haute vitesse. Étant donné l'impact que cela apporterait aux modèles de propagation d'arc, il serait judicieux de vérifier cette hypothèse. Cette étude pourrait vérifier, par exemple, si la forme forte réelle utilisé lors du développement de l'outil numérique serait régit par l'équation 6.4 qui tient compte de tous les effets transitoires [Yoé Z. 1997].

$$\nabla^2 \varphi - \frac{1}{c^2} \frac{\partial^2 \varphi}{\partial t^2} = -\frac{\rho}{\varepsilon} \qquad \textbf{(6.4)}$$

Où φ : le potentiel
t : Le temps
ρ : La densité de charge
ε : La permittivité

Et où la constante « c » est la célérité ou la vitesse de propagation de l'onde (équation 6.5).

$$c = \frac{1}{\sqrt{\mu\varepsilon}} = \frac{c_0}{\sqrt{\mu_r \varepsilon_r}} \qquad \textbf{(6.5)}$$

VI.3.5 Influence de la conductivité et CEM

Avec une conductivité de 80 μS/cm, il était difficile de produire un arc partiel, car l'événement correspondait plus à un train de décharge à la pulsation du secteur qu'à un plasma stable. Par ailleurs, avec des valeurs de 150, 225 et 300μS/cm, on obtient de meilleurs résultats, bien qu'à une conductivité de 300 μS/cm l'arc a plutôt tendance à se propager ce qui provoquait une non-linéarité additionnelle suite au développement continu du pied d'arc. Les résultats présentés sont donc normalement applicables à 150 et 225 μS/cm. De plus, certains problèmes de couplage électromagnétique (CEM) ont fait perdre quelques enregistrements, surtout lorsque la conductivité était à 300 μS/cm et que l'intervalle d'air était de 2,54 cm. Il serait judicieux que :

◊ La procédure expérimentale soit revue afin d'obtenir des résultats avec une glace formée à une conductivité de 80 μS/cm.

◊ Les prochaines modélisations puissent compter parmi les intrants de son algorithme, le déplacement réel du pied d'arc filmé pour analyser la non-linéarité additionnelle sur une glace de 300 μS/cm.

◊ La prochaine caméra utilisée soit plus robuste contre les ondes de choc issues des CEM.

BIBLIOGRAPHIE

Allen N.L. and Mikropoulos P.N. (1999) « Streamer propagation along insulating surface » IEEE transaction on Dielectrics and Electrical Insulation, 6 357-362

Anjana S. and Lakshminarasmha C. S. (1989) « Computed of Flashover Voltages of Polluted Insulators Using Dynamic Arc Model » 6th International Symposium on High Voltage Enginneering,, Nouvelles Orléans, USA, 30-09

Buchan P.G. (1989) « Electrical conductivity of insulator surface ices » Ontario Hydro Re- search Division, rapport no. 89-31-k

Buchner R., Barthel J. and Stauber J. (1999) « The dielectric relaxation of water between 0° C and 35° C » Chem. Phys, 57-63

Chen X. (2000) « Modeling of electrical arc on polluted ice surfaces » Département du génie électrique et du génie informatique, Chicoutimi-Montréal, UQAC-École polythecnique de Montréal, Doctorat, pp.181

Chisholm W.A., Ringler K. G., Erven C. C., Green M. A., Melo O.T., Tam Y., Nigol O., Kuffel J., Boyer A., Pavasars I. K., Macedo F. X., Sabiston J. K. and Caputo R. B. (1996) « The cold fog test » IEEE Transaction on Power Delivery, 11 (4), 1874-1880

Dhahbi-Megriche N., Beroual A. and Kramhenbuhl L. (1997) « New Proposal Model for Polluted Insulators Flashover » Journal of physics D:appl. phys., 30 (5), 889-894

Farzaneh M. and Melo O.T. (1990) « Properties and Effect of Freezing and Winter Fog on Outline Insulators » Journal of Cold Regions Science and Technology, (19), 33-46

Farzaneh M. and Laforte J.-L. (1991) « The Effect of Voltage Polarity on Ice Accretions on Short String Insulators » Journal of Offshore Mechanics and Arctic Engineering, 113 179-184

Farzaneh M. and Melo O.T. (1993) « Flashover Performance of Insulators in the

Presence of Short Icicles » Proceedings of the 3rd International Offshore and Polar Engineering Conference, Singapour,

Farzaneh M., Zhang J. and Chen X. (1994) « A Laboratory Study of Leakage Current and Surface Conductivity of Ice Samples » 1994 Annual Report of the IEEE Conference on Electrical Insulation and Dielectric Phenomena (CEIDP), Denver, États-Unis,

Farzaneh M. and Drapeau J. F. (1995) « AC Flashover Performance of Insulators Covered with Artificial Ice » IEEE Transaction on Power Delivery, 10 (2), 1038-1050

Farzaneh M. and Kiernicki J. (1995) « Flashover Problems Caused by Ice Build-up on Insulators » IEEE Electrical Insulation Magazine, 11 (2), 5-17

Farzaneh M., Zhang J. and Chen X. (1997) « Modeling of the AC arc discharge on ice surfaces » IEEE Transactions on Power Delivery, Vol. 12 (no 1), 325-338

Farzaneh M. and Kiernicki J. (1997 -1) « Contournement électrique des isolateurs recouverts de glace » Canadian Journal of Electrical and Computer Engineering, 22 (3), 95-109

Farzaneh M. and Kiernicki J. (1997 -2) « Flashhover Performance of IEEE Standard Insulators Under Ice Conditions » IEEE Transactions on Power Delivery Vol. 12 (No. 4), pp. 1602-1613.

Farzaneh M. (2000) « Ice Accretions on high-voltage conductors and insulators and related phenomena » Philosophical Transactions of Royal Society, 358 (1776), pp 2971-3005

Farzaneh M., Volat C. and Zhang J. (2006) « Role of Air Gaps on AC withstand Voltage of Ice Insulator String » IEEE, 1350-1357

Farzaneh M. and Zhang J. (2007) « A Multi-Arc Model for Predicting AC Critical Flashover Voltage of Ice-covered Insulators » IEEE Transactions on Dielectrics and Electrical Insulation, 14 (6),

Farzaneh M. (2008) Août « Atmospheric Icing of Power Network » (978-1-4020-8530-7)

Farzaneh M. and Chisholm W. A. (2009) Octobre « Insulators for Icing and Polluted Environments » IEEE Press Series on POWER ENGINEERING WILEY a John Willey & sons inc publication, (975-0-470-28234-2)

Flazi S. (1987) « Étude du Contournement Électrique des Isolateurs Haute Tension Pollués, Critère d'Élongation de la Décharge et Dynamique du phénomène » Doctorat d'État-Sciences, Toulouse, Université Paul Sabatier,

Fofana I. and Béroual A. (1997) « A predictive Model of the positive discharge in long air gaps under pur ans oscillating impulse shapes » Journal of physics D:appl. phys., 30 1653-1667

Fortin A. (1996) « Analyse numérique pour ingénieurs, deuxième édition » Presses internationales Polytechnique, Montréal, pp.487, (2-553-00936-4)

Hampton B.F. (1964) « Flashover mechanism of polluted insulation » Proceedings IEE, The institution of electrical engineers Vol. 111 (no 5),

Hesketh S. (1967) « Generale Criterion for the Prediction of Pollution Flashover » Proc. IEE, 114 (4), 531-532

Hobbs P.V. (1974) « Ice Physics » UK OXFORD : Clarendon Press, (978-0-19-958771-1)

Hydro-Quebec (1988) « Analysis of the Hydro-Quebec System Blackout on April 1988 » Official Hydro-Quebec Report

Kannus K. and Verkkonen V. (1993) « Effect of Ice Coating on the Dielectric Strength on High Voltage Insulators » Proceedings of the 4th International Workshop on Atmospheric Icing of Structures, France,

Kannus K., Lahti K. and Nousiainen K. (1998) « Ac and Switching Impulse Performance of an Ice-Covered Metal Oxide Surge Arrester » IEEE Transaction on Power Delivery, 13 (4), 1168-1173

Kannus K. and Lahti K. (2007) « Laboratory Investigations of the Electrical Performance of Ice-covered Insulators and a Metal Oxide Surge Arrester » IEEE Transaction on Power Delivery, 14 (6), 1357-1372

Khalifa M.M. and Morris R.M. (1967) « A laboratory study of the effects of wind on DC corona » IEEE Transaction on Power Apparatus and System, 86 (3), 290-298

Kodak Eastman (1990) « Optikon User's Manual of Model 1012 » Kodak Ektapro EM Motion Analyser,

Kuroiwa D. (1965) « Icing and snow accretion on electric wires » U.S. Army Cold Regions Research and Enginnering Laboratory, Report Research 123

Laudebat L. (2003) « Approche des phénomènes de relaxation diélectrique par Réalisation Diffusive » 6ième Conférences des Jeunes Chercheurs en Génie Electrique à Saint-Nazaire, 1-6

Le Roy G., Gary C., Hutzler B., Lalot J. and Dubanton C. (1984) « Les propriétés diélectriques de l'air et les très hautes tensions » Editions Eyrolles, Paris,

Li S. (1988) « The Mechanism of Flashover on Polluted Dielectric Surface under AC Voltage » Tsinghua University, Docteur,

Li S., Zhang R. and Tan K. (1990) « Mesurement of Dynamic Potential Distribution during the Propagation of a Local Arc along a Polluted Surface » IEEE Transaction on Electrical Insulation, 25 (4), 757-761

Maeno N. (1967) « Air bubble formation in ice crystals » Proc. Of the Int. Conf. on Low Temperature Science, Sapporo (Japan),

Marceau D. (2007) Janvier « 6MIG905, Méthode des éléments finis »

Meek J.M. and Graggs J.D. (1978) « Electrical Breakdown of Gases » Editions John Wiley and Sons, New York (USA), pp.888, (978-0471995531)

Meghnefi F., Farzaneh M. and Volat C. (2005) « Characterization of Leakage Current of a Post Station Insulator Covered with Ice with Various Surface Conductivities » 2005 Annual Report Conference on Electrical Insulation and Dielectric Phenomena (CEIDP), Nashville, USA, pp. 333-336

Meghnefi F. (2007) « Étude temporelle et fréquentielle du courant de ftiite des isolateurs de poste recouverts de glace en vue du développement d'un système de surveillance et de prédiction en temps réel du contournement électrique » Département des sciences appliquées, Chicoutimi, UQAC, Doctorat, pp.245

Meghnefi F., Volat C. and Farzaneh M. (2007) « Temporal and Frequency Analysis of the Leakage Current of a Station Post Insulator During Ice Accretion » IEEE transaction on Dielectrics and Electrical Insulation, 14 (6), 1381-1389

Ndiaye I. (2007) « Approche physique du développement de streamers positifs sur une surface de glace » Département des sciences appliquées, Chicoutimi, Université du Québec à Chicoutimi, Doctorat, pp.264

Neff Herbert P. (1981) « Basic electromagnetic fields » New York, (0060447850)

Petrenko V. F. and Whitworth R. W. (1999) Novembre « Physics of Ice » pp.386,

(978-0198518952)

Rizk A.M. F. and Assaad A. A. (1971) « Flashover tests on dust-contaminated insulators » Transmission and Distribution Commitee of the IEEE Power Engeneering Society for presentation at the IEEE Summer Meeting and International Symposium on High Power Testing, Portland, Oregan, Paper 71 TP651-PWR

Sigma W., Yang Q., Sun C. and Guo F. (2006) « Potential and electric-field calculation along an ice-covered composite insulator with finite-element methode » IEE Proc.-Gener. Transm. Distrib, Vol 153 (No 3), 343-349

Tavakoli C. (2004) « Dynamic Modeling of AC arc developpement on Ice Surfaces » Départements des sciences appliquées, Chicoutimi, UQAC, Doctorat, pp.197

Volat C. and Farzaneh M. (2005 -1) « Three-dimensional modeling of potential and Electric Field Distributions along an EHV ceramic post insulator covered with ice – Part I: Simulations of a Melting Period » IEEE Transactions on Power Delivery, vol. 20 (3), pp. 2014-2021

Volat C. and Farzaneh M. (2005 -2) « Three-dimensional modeling of potentieal and electric-field Distributions along an EHV ceramic post insulator covered with ice -- Part II : Effect of air gaps and partial arcs » IEEE Transaction on power delivery, Vol 20 (No 3),

Volat C. and Farzaneh M. (2006) « Distributions du potentiel et du champ électrique le long d'un isolateur de poste recouvert de glace » Can. J. Elect. Comput. Eng., 31 (4), 1-9

Volat C., Farzaneh M. and Mhaguen N. (2010) « Calculation of critical flashover voltage of ice-covered insulators using the finite element method » Electrical Insulation and Dielectric Phenomena, Virginia Beach, CEIDP '09. IEEE Conference

Wilkins R. (1969) « Flashover Voltage of High Voltage, Insulators with Uniform Surface Pollutions Films » Proc. IEE,

Wilkins R. and Al Baghdadi A.A.J. (1971) « Arc Propagation along an Electrolyte Surface » Proc. IEE, 118 1886-1892

Yéo Z. (1997) « Modèle numérique de conduction surfacique dans les dispositifs bidimensionels - Prise en compte de non linéarités » Thèse présentée devant l'école doctorale de Lyon,

Zhang J., Farzaneh M. and Chen X. (1995) « Variation of Ice Surface Conductivity during Flashover » Annual Report of the IEEE Conference on Electrical Insulation and Dielectric Phenomena (CEIDP), Virginia Beach, Virginie, États-Unis,

Zhang J. and Farzaneh M. (2000) « Propagation of AC and DC Arcs on Ice Surfaces » Transactions on Dielectrics and Electrical Insulation, Vol. 7 269-276

Zheng B. (2008) « A Reliable National Grid Against Natural Disaster » State Grid Corporation of China

Zhu Y., Haji K., Yamamoto H., Miyake T., Otsubo M. and Honda C. (2006) « Distribution of Leakage Current on Polluted Polymer Insulator Surface » IEEE Annual Report Conference on Electrical and Dielectric phenomena, pp. 397-400

ANNEXE

MANUEL DU PROGRAMMEUR

Tout au long du chapitre 3, les explications de la méthode des éléments finis se sont strictement limitées au domaine théorique. Cette annexe vise à expliquer les étapes associées aux scripts de la méthode des éléments finis. Ainsi, la réfutabilité scientifique de l'analyse subséquente est assurée (chapitre VII), i.e. si le lecteur le désire, il pourra reproduire les résultats obtenus afin d'avoir la possibilité de réfuter (ou valider) en partie (ou complètement) les propos de ce mémoire.

La programmation a été développée sous MATLAB pour bénéficier de son implémentation matricielle. Comme tout bon manuel du programmeur, cette annexe commencera par décrire le script directeur. Subdivisées en sections correspondant aux étapes logiques de la solution par éléments finis, les méthodes de résolution prises en compte seront explicitées aux sections respectives de ce chapitre, selon la chronologie d'appel de procédure du script directeur (Script 0-1).

A.1 Script directeur

La première étape est l'initialisation. On dénombre l'affichage et le formatage des variables, suivi du chargement des données de base : la géométrie, le maillage, les nœuds, les matériaux, les conditions aux limites, etc. Ces données ont été préalablement construites et sauvegardées avec l'utilisation du logiciel de prétraitement et de post-traitement GID.

La deuxième étape consiste à créer les matrices d'admittance. La matrice de conductance n'est rien d'autre que la très connu matrice de rigidité, K, tout comme la matrice de susceptance qui est la matrice de consistance, C. La méthode des éléments finis a évoluée principalement dans le domaine du génie civil, d'où les mots rigidité et consistance. Comme la présente application porte sur le génie électrique, les variables matricielles ont été nommées en conséquence.

La troisième étape consiste à appliquer les conditions limites aux systèmes à solutionner. On dénombre la condition de Cauchy-Riemann (imposition d'un flux de convection), la condition de Neumann (imposition d'un gradient aux bords), la condition de Dirichlet (imposition de potentiels aux bords), et la condition de Robin (imposition conjointe de gradients et de potentiels aux bords). Par contre, la seule condition utile ici est la condition de Dirichlet, car la tension et le rayon du canal au pied de l'arc sont précalculés.

Suite à la préparation de toutes les variables découlant de la forme faible de l'analyse vectorielle du système, (soit la matrice de conductance et le vecteur de second membre), les tensions aux nœuds sont déduites. La solution tient à la simple inversion matricielle : $T = inv(K)*F$. Par contre, l'analyse numérique démontre que la décomposition LU est quatre fois plus rapide que l'inversion matricielle, d'où la préimplémentation du symbole \ utilisé comme suit : $T = K\backslash F$.

Le cœur de ce mémoire de maîtrise réside dans l'appel de la fonction du calcul de flux. Grâce au développement de la méthode des éléments finis, il est possible d'atteindre l'objectif escompté, celui d'étudier la densité de courant. Mais avant, il faut intégrer le flux traversant la frontière inférieure pour déduire la conductivité surfacique de la glace.

Script A-1 : Script directeur

```
function Script_directeur
    % Initialisation
clc
clear all
format long;

% Formatage des variables globales
    K = zeros(NbNoeud); C = zeros(NbNoeud); F = zeros(NbNoeud,1);

%Chargement des données
    Iexp = 0.0152 ;
Fichier = 'C:\Marc\work\MEF\Projet Équation de Laplace\Triangle3';
[NbNoeud, Coords_nodales, NbElem, Elem, NbFlux, Flux, NbMat, Mat, NbD, Diri, NbC, Cauchy] =
OuvertureDonnees(strcat(Fichier,'.dat'));
    disp('%%%%%%%%%%%%%%%%%%%%%%%%%%%%%%%%%%%%%%%%%%%%%%%%%%%')

%Calculs préliminaires
    [K] = Calcul_K(K, NbElem, Elem, Coords_nodales, Mat);

%Application des conditions au limites
[K,F] = Dirichlet(K,F, NbD, Diri, NbNoeud);

%Calcul des tensions aux nœuds
T = K\F ;

%Calcul des flux passant à chaque nœud
[qx qy] = Calcul_Flux(T, NbNoeud, NbElem, Elem, Coords_nodales, Mat);

%Calcul de la conductivité moyenne traversant l'échantillon de glace
Conduct_surfacique = Courant_tot(NbNoeud, Coords_nodales, qx, qy, Iexp)

%Sauvegarde des résultats
fid = OuvertureEcriture(strcat(Fichier,'.res'));
EcrireResultats(fid, t, T, qx, qy, NbNoeud);
Fclose('all');
```

A.2 Script du chargement des données

Sans charger les données de base, un calcul direct par éléments finis sur une géométrie complexe est difficilement réalisable. Dans ce cadre, la modélisation est réalisée grâce au logiciel GiD, lequel permet l'exportation d'un fichier de calcul. Ce fichier est construit selon un patron programmé en Tcl/Tk (Tool Command Language / graphical user interface toolkit). Bref, les informations qui nécessitent d'être recueillies sont :

◊ les coordonnées de chaque nœud,
◊ la distribution des nœuds parmi les éléments,
◊ la liste des matériaux,
◊ les conditions de frontière.

Ainsi, le chargement des informations s'effectue sous forme de dictionnaire de données pour recenser simplement toutes les renseignements relatifs à la modélisation (Script 0-2).

Script A-2 : Chargement des données

```
function [NbNoeud, Coords_nodales, NbElem, Elem, NbFlux, Flux, NbMat, Mat, NbD, Diri, NbC, Cauchy]
= OuvertureDonnees(Chemin)

    fclose('all');
    fid = fopen(Chemin,'r');

    %Lecture de la définition du fichier (Auteur, jour de modélisation, ...)
    ligne = fgets(fid);
    ligne = fgets(fid);
    ligne = fgets(fid);
    ligne = fgets(fid);

    %Dico des coordonnées nodales
    ligne = fgets(fid);
    NbNoeud = sscanf(ligne, '%d');
    Coordonnees = (fscanf(fid,'%f',[3 NbNoeud]))';
    Coords_nodales = Coordonnees(1:NbNoeud,2:3);

    %Dico des Elements -- table de connectivité éléments/nœuds
    fgetl(fid);
```

```
ligne = fgets(fid);
NbElem = sscanf(ligne, '%d', [1 1]);
NbFlux = sscanf(ligne, '%d', [1,2]);    NbFlux = NbFlux(1,2);
Elem = fscanf(fid,'%f',[8 NbElem]); Elem = Elem';
Flux = fscanf(fid,'%f',[4 NbFlux]); Flux = Flux';

%Dico des Matériaux
fgetl(fid);
ligne = fgets(fid);
NbMat = sscanf(ligne, '%d');
Mat = (fscanf(fid,'%f',[4 NbMat]))';
Mat = Mat(1:NbMat,2:4); %Dico des coordonnées nodales

%Dico des conditions de frontière de Dirichlet
fgetl(fid);
ligne = fgets(fid);
NbD = sscanf(ligne, '%d');
Diri = fscanf(fid,'%f',[2 NbD])';

%Dico des conditions de frontière de Cauchy-Riemann
fgetl(fid);
line = fgetl(fid);
NbC = sscanf(line,'%d');
Cauchy = fscanf(fid,'%f %*s %f %f',[3 NbC])';

fclose(fid);
```

A.3 Script de création de la matrice de conductance

La création de la matrice de conductance est subdivisée en cinq sections de base (Script 0-3). Les données de travail (comme les fonctions de forme et leurs dérivées, ainsi que les points et poids de la quadrature de Hammer) sont chargées en premier.

Chaque élément est traité numériquement comme suit :

◊ La première boucle liste les points de colocation des nœuds de l'élément considéré pour déduire les systèmes référentiels locaux : le Jacobien et le Jacobien inverse.

◊ La boucle suivante prépare le calcul des conductances de l'équation 3.47. Cette équation est réécrite en A.1 avec le nom des variables homologues en dessous. Cette expression ne correspond qu'à l'interrelation entre les nœuds de l'élément considéré.

$$\underset{Se}{[K]} = \left[\int\limits_{V_{uv}} \underbrace{\left\langle \frac{dN}{dx} \quad \frac{dN}{dy} \right\rangle}_{M} \underbrace{\begin{bmatrix} \gamma_x & 0 \\ 0 & \gamma_y \end{bmatrix}}_{R} \underbrace{\begin{Bmatrix} \partial N/\partial x \\ \partial N/\partial y \end{Bmatrix}}_{Mt} \underset{JJ}{\|J\|} dV \right]$$ **(A.1)**

◊ La dernière boucle intègre l'expression matricielle obtenue précédemment à l'aide de la Quadrature de Hammer. Cette opération remplace les variables symboliques (u, v) par leurs points correspondants dans le système de référence parallèle. La ligne de code suivante somme les résultats obtenus pour chaque point, résultat multiplié par les poids associés w(j).

◊ Finalement, l'interrelation entre les nœuds de l'élément considéré est assemblée dans la matrice de conductance de tout l'échantillon simulé. Le code de cette fonction est présenté au script 0-3

Script A-3 : Matrice de conductance

```
function [K] = Calcul_K(K, NbElement, Element, Coordonnee, Materiau)
    syms u v;
    %Fonction d'interpolation quadratique sur un élément triangulaire
    N = NT6;
    Nt = N'; for i = 1:6 Nt(i) = N(i); end
    Nu = diff(N,'u');    Nv = diff(N,'v');
    Nx = 1:6; Ny = 1:6;

    %Point et Poids de la Quadrature de Hammer
    nbpt = 7;
    a  = (6+sqrt(15))/21; b = 4/7-a;
    uu = [1.0/3, a, 1-2*a, a, b, 1-2*b, b];
    vv = [1.0/3, a, a, 1-2*a, b, b, 1-2*b];
    A  = (155+sqrt(15))/2400; B= 31/240-A;
    w  = [9/80, A, A, A, B, B, B];

    pxi = 1:6; pyi = 1:6; noeuds = 1:6; %M = zeros(6,2); Mt = zeros(2,6);
    for k = 1:NbElement
        %Selection des points de calculs en XY
        for i = 1:6
            pxi(i) = Coordonnee(Element(k,i+2),1);
            pyi(i) = Coordonnee(Element(k,i+2),2);
        end
        %Calcul de système de référence local
        J  = Jacobien(N, pxi, pyi);
        J1 = inv(J);
        J2 = J1';

        %Calcul de l'interrelation entre les nœuds de l'élément considéré
        for i = 1:6
            M(i,1) = J2(1,1)*Nu(i) + J2(1,2)*Nv(i);
            M(i,2) = J2(2,1)*Nu(i) + J2(2,2)*Nv(i);
            %Transposition de M
            Mt(1,i) = M(i,1);
            Mt(2,i) = M(i,2);
        end
        JJ = det(J);
        R = eye(2)*Materiau(Element(k,2),1);
        Se = M*R*Mt*JJ;

        Se1 = zeros(6);
        %Integration numérique
        for j = 1:nbpt
            %Substitution de (u,v) par leurs points respectifs
            Seuv = subs(char(Se),{u,v},{uu(j), vv(j)});
            %Multiplication par les poids w(i) et sommation du résultat
            Se1 = Se1 + Seuv.*w(j);
        end
        K = Assemblage(k, K, Se1, Element);
    end
```

Script A-4 : Assemblage

```
function [A] = Assemblage(k, A, Ae, Element)
   for i = 1:6
      for j = 1:6
         A(Element(k,i+2), Element(k,j+2)) = Ae(i,j) + A(Element(k,i+2), Element(k,j+2));
      end
end
```

A.4 Script des fonctions de forme

Contrairement à ce qui a été expliqué antérieurement, les fonctions de forme ne sont pas programmées dans l'ordre présenté. C'est-à-dire que, comme le tableau 0-1 le résume, le logiciel GiD liste les nœuds de sommet en premier lieu, puis les nœuds de segment en deuxième lieu, le tout complété dans le sens horaire trigonométrique (Tableau 0-1) (Script 0-5).

Tableau A-1 : Disposition des nœuds

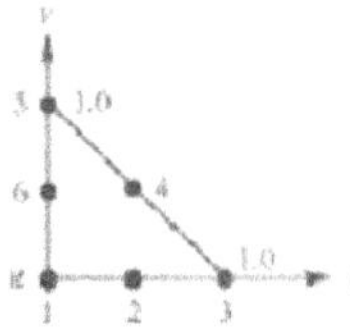

Figure A-1 : Disposition des éléments
[Marceau D., 2007]

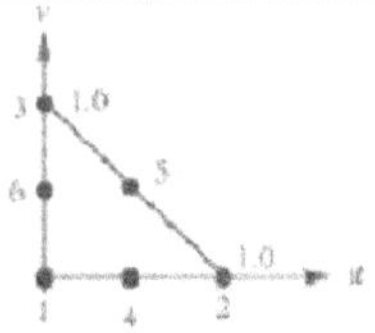

Figure A-2 : Disposition des éléments
[Marceau D., 2007]

$$\begin{Bmatrix} N_1 \\ N_2 \\ N_3 \\ N_4 \\ N_5 \\ N_6 \end{Bmatrix} = \begin{Bmatrix} (u+v-1)\cdot(2u+2v-1) \\ -4u\cdot(u+v-1) \\ (2u-1)\cdot u \\ 4\cdot u\cdot v \\ (2v-1)\cdot v \\ -4\cdot(u+v-1)\cdot v \end{Bmatrix} \implies \begin{Bmatrix} N_1 \\ N_2 \\ N_3 \\ N_4 \\ N_5 \\ N_6 \end{Bmatrix} = \begin{Bmatrix} (u+v-1)\cdot(2u+2v-1) \\ (2u-1)\cdot u \\ (2v-1)\cdot v \\ -4u\cdot(u+v-1) \\ 4\cdot u\cdot v \\ -4\cdot(u+v-1)\cdot v \end{Bmatrix}$$

Script A-5 : Fonction de forme

```
function [N] = NT6()
  syms u v;

  N1 = (u+v-1)*(2*u+2*v-1);
  N2 = (2*u-1)*u;
  N3 = (2*v-1)*v;
  N4 = -4*u*(u+v-1);
  N5 = 4*u*v;
  N6 = -4*(u+v-1)*v;

  N = [N1 N2 N3 N4 N5 N6]
```

A.5 Script de la matrice jacobienne

Tout élément, quel qu'il soit lors de la création du maillage, est projeté dans un autre système référentiel en (u, v) (figure III-3). Les nœuds de l'élément et les fonctions des formes associées sont des intrants. Suite à une multiplication matricielle des fonctions de forme aux coordonnées des nœuds, la matrice jacobienne est déduite par les dérivées en (u, v) des fonctions obtenues (Script 0-6).

Script A-6 : Matrice jacobienne

```
function [JJ] = Jacobien(N, pxi, pyi)
  F1 = N*pxi';
  F2 = N*pyi';
  JJ = [diff(F1,'u') diff(F1,'v'); diff(F2,'u') diff(F2,'v')];
```

A.6 Script de la condition de Dirichlet

Tel qu'exprimé dans l'équation 3.33, l'astuce de la condition de Dirichlet est de modifier la matrice de conductance, K. Ainsi, à la ligne correspondante au nœud de bord, la valeur 1 est imposée à la colonne correspondant à la diagonale tandis que les autres valeurs de la ligne sont annulées. De plus, il faut inscrire la valeur du potentiel à son nœud dans le vecteur du second membre (Script 0-7).

Script A-7 : Dirichlet

```
function [K,F] = Dirichlet(K,F, NbCondLimD, CondLimD, NbNoeud)

  for i = 1:NbCondLimD
    for j = 1:NbNoeud
      if j == CondLimD(i,1)
        K(CondLimD(i,1),j) = 1;
      else
        K(CondLimD(i,1),j) = 0;
      end
    end
    F(CondLimD(i,1)) = CondLimD(i,2);
  end
```

A.7 Script du calcul de la densité de courant

Comme d'habitue, la procédure commence par charger en mémoire les données de travail tel que les fonctions d'interpolation, les coordonnées des nœuds du système de référence parallèle, les variables de travail…

Chaque élément est traité numériquement comme suit :

◊ Calcul de la matrice jacobienne pour obtenir les différentiels de (x, y) en (u, v).

◊ Passage de tous ses nœuds pour:

o Dériver en (u,v) la tension aux nœuds, et multiplier par la conductivité de l'élément considéré. Dans la modélisation préalable, la conductivité est posée unitaire. La conductivité sera déduite par identification inverse. Pourquoi l'écrire dans ce cas ? Parce que ce code a été construit de manière à obtenir un programme réutilisable.

o Calculer la densité de courant traversant le nœud considéré de cet élément.

o Superposer la densité de courant nodale à celles obtenus aux autres éléments.

o Compter le nombre d'élément touchant ce nœud.

Finalement, la densité de courant nodale est trouvée par une simple moyenne arithmétique (script 0-8). Une moyenne pondérée aurait pu être envisagée si la densité des éléments du bas avait été fluctuante et que les flux nodaux variaient grandement de l'un à l'autre.

Script A-8 : Calcul de la densité de courant

```
function [qx qy] = Calcul_Flux(T, NbNoeud, NbElement, Element, Coordonnee, Materiau)
    %Variables symbolique
    syms u v;

    %Fonction d'interpolation quadratique
    N = NT6;
    Nu = diff(N,'u');
    Nv = diff(N,'v');
```

```
%Coordonnées des nœuds de l'élément projeté
pui = [0.0, 1.0, 0.0, 0.5, 0.5, 0.0];
pvi = [0.0, 0.0, 1.0, 0.0, 0.5, 0.5];

%Création des variables
Ti = 1:6; pxi = 1:6; pyi = 1:6;
qx = zeros(NbNoeud,1);
qy = zeros(NbNoeud,1);
compteur = zeros(NbNoeud,1);

%Passage de tous les éléments
for k = 1:NbElement
    %Calcul de la matrice jacobienne pour obtenir les différentiels de (x, y) en
    %(u, v)
    for i = 1:6
        Ti(i)  = T(Element(k,i+2));
        pxi(i) = Coordonnee(Element(k,i+2),1);
        pyi(i) = Coordonnee(Element(k,i+2),2);
    end
    J  = Jacobien(N, pxi, pyi);
    J1 = inv(J);

    %Passage de tous les nœuds
    for i = 1:6
        %Dérivation de la tension en u et v, et multiplication par la constante
        %du matériau de l'élément en question
        Tu=subs(char(Nu),{u,v},{pui(i),pvi(i)})*Ti'.*(-Materiau(Element(k,2),1));
        Tv=subs(char(Nv),{u,v},{pui(i),pvi(i)})*Ti'.*(-Materiau(Element(k,2),1));

        %Calcul du flux traversant ce nœud à cet élément
        Ax = Tu.*subs(char(J1(1,1)),{u,v},{pui(i), pvi(i)}) + Tv.*subs(char(J1(2,1)),{u,v},{pui(i), pvi(i)});
        Ay = Tu.*subs(char(J1(1,2)),{u,v},{pui(i), pvi(i)}) + Tv.*subs(char(J1(2,2)),{u,v},{pui(i), pvi(i)});

        %Ajout des composantes du flux nodaux
        qx(Element(k,i+2)) = qx(Element(k,i+2)) + Ax;
        qy(Element(k,i+2)) = qy(Element(k,i+2)) + Ay;

        %Compteur du nombre d'élément touchant ce nœud
        compteur(Element(k,i+2)) = compteur (Element(k,i+2)) + 1;
    end
end

%Moyenne nodale des flux

qx = qx./compteur;
qy = qy./compteur;
```

A.8 Script du calcul de la conductivité surfacique

Cette fonction est spéciale car elle sous-entend que la conductivité surfacique n'est pas connue. En fait, ce n'est qu'une validation des résultats obtenus par [Farzaneh M. et al., 1997] afin de palier aux incertitudes expérimentales.

Comme la glace utilisée est salée uniformément par l'incrémentation de son épaisseur par couche de gel, l'intégration du champ électrique au long d'une ligne équipotentielle convient parfaitement à déduire la conductivité surfacique. Ainsi, la procédure sélectionne judicieusement les nœuds frontaliers situés à la base de l'échantillon simulé puisque tout le courant de fuite y retourne, pour aller verticalement à la terre. Une fois fait, une fonction trie les nœuds examinés en ordre croissant selon l'axe des abscisses.

Pour chaque nœud, le flux de fuite est calculé. On sous-entend ici que le flux nodal est constant dans les environs du nœud considéré. Il est entendu qu'il y aura des effets de bord de chaque coté l'échantillon. Dans ce cas, le flux n'est considéré constant que du coté proximal. Finalement, la conductivité est déduite par le quotient du courant mesuré et du pseudo-courant calculé (celui avec une conductivité unitaire) (Script 0-9).

Script A-9 : Calcul de la conductivité surfacique

```
function [gama] = Conductivite_moyenne(NbNoeud, Coords_nodales, qx, qy, Iexp)

%Recherche des nœuds frontaliers de la mise à la terre
dimension = size(Coords_nodales);
dimension(1,2) = dimension(1,2) + 1;
NoeudBas = zeros(dimension);
j = 1;
for i = 1:NbNoeud
   if Coords_nodales(i,2)== 0
     NoeudBas(j,1) = i;
     NoeudBas(j,2) = Coords_nodales(i,1);
     NoeudBas(j,3) = Coords_nodales(i,2);
     j = j+1;
   end
end
```

```
%Triage des noeuds en ordre croissant sur l'axe des abscisses
NoeudBas (j:NbNoeud,:) = [];

NoeudBas = sortrows(NoeudBas,2)

%Calcul du flux de fuite
N = size(NoeudBas); N(1,2) = N(1,2)-1;
FluxBas = zeros(N);
Itheo = 0; j=0;
for i = 1:N(1)
   i
   FluxBas(i,1) = qy(NoeudBas(i,1));
   FluxBas(i,2) = qx(NoeudBas(i,1));
   if i ==1
      %Effet de bord du début
      X1 = NoeudBas(i,2);
      X2 = NoeudBas(i,2)/2 + NoeudBas(i+1,2)/2;
      Itheo = Itheo + FluxBas(i,1) * (X2-X1);
   elseif i == N(1)
      %Effet de bord de fin
      X1 = NoeudBas(i-1,2)/2 + NoeudBas(i,2)/2;
      X2 = NoeudBas(i,2);
      Itheo = Itheo + FluxBas(i,1) * (X2-X1);
   else
      %Noeud centraux
      X1 = NoeudBas(i-1,2)/2 + NoeudBas(i,2)/2;
      X2 = NoeudBas(i,2)/2 + NoeudBas(i+1,2)/2;
      Itheo = Itheo + FluxBas(i,1) * (X2-X1);
   end
end

%Affichage
gama = Iexp / Itheo
FluxBas
```

A.9 Script de l'écriture des résultats

Dans la même optique que le chargement de données, l'écriture des résultats sert à l'analyse post traitement (Script 0-10 à 0-13). Encore une fois, le logiciel GiD est utilisé à cause de sa simplicité et sa souplesse de programmation.

Les principales données sauvegardées sont les potentiels nodaux et les flux nodaux. Remarquez qu'un filtre annule les potentiels et les flux trop petits. Ces valeurs ne représentent que l'erreur induite par les arrondis, les troncatures et la discrétisation (Script 0-11).

Script A-10 : Ouverture écriture

```
function [fid] = OuvertureEcriture(chemin)
    fclose('all');
    fid = fopen(chemin, 'w');
    fprintf(fid, '%s\n', 'GiD Post Results File 1.0');
```

Script A-11 : Filtre des résultats

```
function EcrireResultats(lFile, t, T, qx, qy, NbNoeud)

    lResultsScalar = zeros(NbNoeud,2);
    lResultsVector = zeros(NbNoeud,3);
    for i = 1:NbNoeud
        lResultsScalar(i,1) = i;
        if abs(T(i)) < 1e-5
            lResultsScalar(i,2) = 0.0;
        else
            lResultsScalar(i,2) = T(i);
        end

        lResultsVector(i,1) = i;
        if abs(qx(i)) < 1e-5
            lResultsVector(i,2) = 0.0;
        else
            lResultsVector(i,2) = qx(i);
        end

        if abs(qy(i)) < 1e-5
            lResultsVector(i,3) = 0.0;
        else
            lResultsVector(i,3) = qy(i);
        end
    end
    PrintResultScalar(lFile,'Tension', 'Stationaire', t,lResultsScalar);
    PrintResultVector(lFile,'Flux', 'Stationaire', t,lResultsVecto
```

Script A-12 : Sauvegarde des potentiels

```
function PrintResultScalar(pFile,pResultName,pAnalysisName,pTime,pResults)

  fprintf(pFile, '\nResult %s %s %f Scalar OnNodes', pResultName, pAnalysisName, pTime);
  fprintf(pFile, '\nValues');
  lSize = size(pResults);
  for i = 1:lSize(1)
    fprintf(pFile, '\n%d %16.5e', pResults(i,1), pResults(i,2));
  end
  fprintf(pFile, '\nEnd Values\n');
```

Script A-13 : Sauvegarde du flux

```
function PrintResultVector(pFile,pResultName,pAnalysisName,pTime,pResults)

  fprintf(pFile, '\nResult %s %s %f Vector OnNodes', pResultName, pAnalysisName, pTime);
  fprintf(pFile, '\nValues');
  lSize = size(pResults);
  for i = 1:lSize(1)
    fprintf(pFile, '\n%d %16.5e %16.5e %16.5e', pResults(i,1), pResults(i,2), pResults(i,3), 0.0);
  end
  fprintf(pFile, '\nEnd Values\n');
```

www.ingramcontent.com/pod-product-compliance
Lightning Source LLC
Chambersburg PA
CBHW021106210326
41598CB00016B/1345